JN239557

ハコガメと暮らす本

エムピージェー

introduction

憧れのハコガメ飼育をはじめませんか？

古くは一般種として広く流通していたアメリカハコガメやアジアハコガメ。現在では国際的な取り引きが規制されるようになり、かつてのように大量に安価で流通することはなくなった。しかし、飼育技術の向上によって飼育下のブリード個体が出回るようになり、近年では高い注目を集めるようになっている。なかには甲羅や頭部などの柄や色彩に特徴をもった個体を親にしたブリードが進み、種類別にバラエティーに富んだハコガメが誕生している。好みの個体を見つけ、さらに最適な飼育方法を確立して、憧れのハコガメライフを満喫しよう！

フロリダハコガメ（写真左）、セマルハコガメ（右上）、トウブハコガメ（右下）

contents

Part 1

ハコガメの基礎

まずはハコガメの特徴を知り、
その分類、種類、生態を理解することからはじめよう。

ハコガメってどんなカメ？

腹甲の蝶番で完全な「箱」になる

アメリカとメキシコに分布するアメリカハコガメ属と中国や東南アジアに分布するアジアハコガメ属。ハコガメ（箱亀＝BoxTurtle）という名前が示すように、腹部の甲羅（腹甲）に可動する蝶番（ちょうつがい）を備え、外敵などに襲われると腹甲を折り曲げて、体を甲羅の中に完全におさまるという特性をもっている。ドロガメやクモノスガメなど、蝶番をもつ種類もあるが、本書ではアメリカハコガメ属とアジアハコガメ属のみを紹介している。

ハコガメの仲間は、カメの中では小型の部類に入り、ペットとして扱いやすいサイズ感が魅力。また、種類によっては黄色やオレンジ色などの派手な色彩をもつものや模様が入るものもあり、個体差もあるから、選ぶ楽しみがある。

生息している環境はおもに湿原で、陸地と水場を行き来して生活し、食性は雑食で、動物や植物などいろいろなものを食べている。

腹甲の蝶番を曲げて
体を完全に甲羅の中に閉じ込める

とくに水辺周辺で暮らす動物は環境破壊の影響を受けやすいといわれるが、かつての乱獲も影響して、現在アメリカハコガメ属とアジアハコガメ属全種は、国際的な商取引を規制するワシントン条約（CITES（サイテス））に記載されている。したがって、現地採集個体（Wild Caught 略して W.C.）が輸入されることがほとんどなくなり、流通価格が上昇した。しかし、それと同時に飼育技術が発達し、飼育下の繁殖個体（Captive Breed 略して C.B.）が流通するようになり、今では高い人気を誇るグループに押し上げられている。

ハコガメの分類と種類

アメリカ大陸とアジアに分布

ハコガメと呼ばれるグループは大きく2つに分けられる。アメリカやメキシコに生息するヌマガメ科のアメリカハコガメ属(*Terrapene*)と、中国や東南アジアに生息するイシガメ科のアジアハコガメ属(*Cuora*)だ。

アメリカハコガメは「アメハコ」と称される人気の高いグループで、カロライナハコガメの亜種として、トウブハコガメやフロリダハコガメ、ミツユビハコガメなどがあり、そのほか、キタとミナミで分けられるニシキハコガメも流通する。アジアハコガメでは、セマルハコガメが人気の中心で、ヒラセガメやマレーハコガメ、コガネハコガメ、モエギハコガメなどが知られている。

アメリカハコガメとアジアハコガメは、まったく異なる系統で、別々の地域で同じような形態に変化した収斂進化と思われる。

カメ目
- 潜頸亜目
  - リクガメ上科
    - ヌマガメ科
      - ヌマガメ亜科
        - **アメリカハコガメ属** *Terrapene*
    - イシガメ科
      - **アジアハコガメ属** *Cuora*

【アジアハコガメ】

セマルハコガメ *Cuora flavomarginata*
マコードハコガメ *Cuora mccordi*
マレーハコガメ *Cuora amboinensis*
コガネハコガメ *Cuora aurocapitata*
ヒラセガメ *Cuora mouhotii*
モエギハコガメ *Cuora galbinifrons*
ミスジハコガメ *Cuora trifasciata*
シェンシーハコガメ *Cuora pani*
ユンナンハコガメ *Cuora yunnanensis*
クロハラハコガメ *Cuora zhoui*

【アメリカハコガメ】

カロライナハコガメ *Terrapene carolina*
- トウブハコガメ *Terrapene carolina carolina*
- フロリダハコガメ *Terrapene carolina bauri*
- ガルフコーストハコガメ *Terrapene carolina major*
- ミツユビハコガメ *Terrapene carolina triunguis*
- メキシコハコガメ *Terrapene carolina mexicana*
- ユカタンハコガメ *Terrapene carolina yucatana*

ニシキハコガメ *Terrapene ornata*
- キタニシキハコガメ *Terrapene ornata ornata*
- ミナミニシキハコガメ *Terrapene ornata luteola*

ヌマハコガメ *Terrapene coahuila*
ネルソンハコガメ *Terrapene nelsoni*

トウブハコガメ　ミツユビハコガメ　フロリダハコガメ

アメリカハコガメ総論

色彩や柄が魅力の人気種

アメリカハコガメは、北米大陸、おもにアメリカ合衆国とメキシコに生息している、小型の陸棲カメで、甲長は10～20cm程度。アメリカでは最も一般的にみられる種であり、漫画のキャラクターなどに用いられることも多い。

自然下で草原や森林ので生活し近くに川や沼などの水場がある。雑食性で肉類、昆虫、果物など季節によって様々なものを食べていて、活動期は春から秋。寒い地域に生息している種類は冬眠する。

甲羅が丸く盛り上がり、色彩的にも派手な個体が多いためペットとして人気が高い。また、生息場所が人間の生活圏域と重なることが多いため、人為的な捕獲や環境破壊により生息数が減少している。日本でも古くから輸入され、熱帯魚店などで安価で販売されていたが、1995年にワシントン条約で国際的な取引が規制されてからはほとんど輸入されなくなった。しかし、現在は国内で繁殖された個体を中心に販売されるようになり、注目を集めるようになっている。

人気となった大きな要因は、同じ種類でも甲羅の模様や顔や腕の色にかなりバリエーションがあるためだ。とくにカロライナハコガメは6亜種が存在し、それぞれ異なる個性を持っている。

たとえば、トウブハコガメは甲羅模様のメリハリがはっきりしていて、甲羅や顔・腕の発色が鮮やかな個体ほど人気が高い。フロリダハコガメはこんもりとした形の甲羅が特徴で、黒地に黄色いラインが入る鮮やかなカラーリングが魅力。ミツユビハコガメはサイテス記載以前、アメリカハコガメのなかでは最も多く輸入された種で、飼育者が多く積極的にブリーディングされており、小型でかわいらしいハコガメだ。このほか、ワイルドな雰囲気をもつガルフコーストハコガメや、メキシコに自生するメキシコハコガメ、ユカタンハコガメが知られている。

さらにカロライナハコガメとは別種のニシキハコガメも人気が高い。甲長は10～15cmと小型で、丸い甲羅にはっきりとした放射模様が魅力といえる。

いずれも状態が安定すれば日本の気候に合っている種が多いため、丈夫で長生きする。

（和象亀）

セマルハコガメ　ヒラセガメ　コガネハコガメ

アジアハコガメ総論

希少な種類が多いアジアのハコガメ

アジアハコガメには顔や甲羅に特有のエキゾチックな美しい模様があり、そこに魅了される愛好家は多い。活発によく動く種類が多く、飼っていておもしろい。飼育下では、人慣れして寄ってくる愛らしい姿も人気となる所以であろう。

分布する地域は、インド、インドネシア、カンボジア、シンガポール、バングラデシュ、フィリピン、ブルネイ、ベトナム、ミャンマー、ラオス、タイ、中国、台湾、そして日本の沖縄（西表島・石垣島）にも生息する。彼らの多くが好む場所は高温多湿の熱帯雨林のジャングルとなる。とはいえ分布域は広く、冬になれば冬眠する種類もいる。

アジアハコガメは陸棲傾向のタイプと水棲傾向のタイプに分かれるが、陸棲タイプであっても水場は絶対に必要であり泳ぐこともある。カメ全般にいえることだが、隠れると落ち着くため、水棲のハコガメは水中へ、陸棲のハコガメは土中に潜って隠れ、顔だけ出して周囲を警戒する姿が観察できる。茂みに同化するような甲羅の形、模様を持つハコガメもいる。甲羅が箱となる防御方法は、鳥獣などの外敵から身を守るために進化した手段であろう。飼育下で人慣れした個体は冬眠時か余程驚かない限り、箱にはならなくなる。

筆者がカメを飼いはじめた1980年代は爬虫類ブームというものがあり、テレビCMで人気となったエリマキトカゲをきっかけに、デパートではドラゴン展と称した珍しいトカゲの展示会などが開催されていた。爬虫類を販売しているペットショップへ行くと、さまざまなカメが売られていた。今では入手が困難となった種や飼育が禁止された種がたくさんいたのを覚えている。当時でもアジアハコガメは人気のカメだったと思うが、現在と比べると大変安価な値段で売られていた。輸入状態は悪く、先達のハコガメ愛好家からは、酷い個体だと甲羅の箱に閉じこもったまま一度も顔を出さずに死んでしまったこともあるようだ。

'80年から'90年代にかけて、チュウゴクハコガメで新記載があり、愛好家の心はくすぐられるが、2000年にアジアハコガメ属全体がワシントン条約付属書Ⅱに記載されたことで輸入されなくなり、市場ではレアなカメとなり高騰した。そのためか、近年では大事に扱われ輸入状態は昔よりもよくなっているように感じる。野生個体（W.C.）は環境破壊、国による食文化、漢方薬、ペットトレードなどにより個体数減の問題を抱えるが、繁殖個体（C.B.）の流通も多く見られるようになったことは趣味の世界としては好ましい状況である。そして、野生個体よりも飼育下で繁殖された個体のほうが飼育は容易で扱いやすいというメリットがある。　（かめぞー）

体の構造を知ろう

各部の名称を覚えておくと役に立つ！

カメの体の構造は脊椎と四肢をもつ四肢動物と大きく変わらないが、胴部に甲羅をもっている点が大きな特徴になる。甲羅は筋肉の外側に作られるが、肋骨が拡張して変化したものと考えられている。甲羅の骨格上では皮膚細胞の硬い鱗のようなプレート状の組織が作られ、それらが結合して甲羅になる。

背中側の甲羅を背甲、腹部側の甲羅を腹甲という。カメのサイズは背甲の縦の長さ(甲長)で測定されることが多い。ハコガメの場合は比較的小型で 10 ～ 20cm 程度だ。

背甲は、頂甲板、椎甲板、臀甲板、助甲板、縁甲板に分けらている。椎甲板や助甲板、縁甲板については、上から順に第 1、第 2、第 3 と数えられる。また、甲板の繋ぎめをシームといい、すじ状に隆起した部分はキールと呼ばれる。

腹甲では、上から喉甲板、肩甲板、胸甲板、腹甲板、股甲板、肛甲板に分けられる。ハコガメの仲間では、胸甲板と腹甲板の間に蝶番をもち、甲羅を完全に閉じることができる。これは外敵や乾燥から体を守るための防御と考えられている。

ハコガメ以外にも一部のヌマガメ科やドロ

【甲羅の名称】

ガメ科、リクガメ科に蝶番をもった種類があり、外敵からの防御のほか、背甲と腹甲のすき間を増やすことで大型の卵を産むことができる効果もあるといわれている。

ハコガメの頭部は、頸椎を垂直に曲げることで甲羅に収納することができる。頭部や咽喉部の色彩や柄はさまざまで、個体差が大きい。前肢にあざやかな色彩が入る個体もいる。ちなみに前肢の指と爪は５本で、後肢の指と爪は３～４本（ミツユビハコガメは３本）になっている。

また、顔つきや目つきは種類によって印象が異なる。トウブハコガメやガルフコーストハコガメ、メキシコハコガメ、ニシキハコガメなどのオス個体では、眼の虹彩が赤く染まる個体もいる。肛甲板に収納される尾は、オスのほうが太くて長い。これは生殖器を尾に収容しているためだ。

蝶番を可動して箱状になる

Part 2

ハコガメの種類

アメリカハコガメ属とアジアハコガメ属に分類されている各種を紹介する。それぞれの属ではもちろん、同じ属のハコガメでも特徴と魅力はさまざま。分布や生態の差異によって、飼育方法が異なる場合があり、各種の特性をしっかり理解することからはじめるとよいだろう。

トウブハコガメ

Terrapene carolina carolina

アメリカハコガメ属

分布／アメリカ東部　別名／イースタンボックスタートル、ウッドランドボックスタートル　甲長／13 ～ 16cm

色柄ともに派手な個体が多い人気種

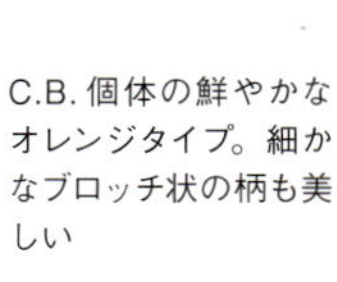

C.B. 個体の鮮やかなオレンジタイプ。細かなブロッチ状の柄も美しい

特徴と魅力

アメリカ合衆国東部に分布する現地では最もポピュラーな種類である。甲長は13～16cmほどで本種のなかでは中型。

とくに色や模様の個体差が大きい種類として知られ、ハコガメのなかでもトップクラスの人気を誇る。背甲は黒または茶色を基調に虫食い状の模様が入るが、その模様も個体差が大きい。腹甲は黒色もしくは無模様だが、個体によっては虫食い模様が一部または全面

トウブハコガメの分布

黄色い色彩が
特徴の W.C. 個体

頭部と前肢の黒地に明
瞭なオレンジ色の柄が
入ったオス個体

背甲は幅広の楕円形で黄色で表現される
ブロッチ状の模様は個体差がある

に入る個体もいる。とくにオスの個体は派手になりやすく、眼が赤くなるものが多い。頭部がオレンジ色や黄色に発色する個体が多いが、なかには一部に赤・白・青が入るタイプもいる。オスは交尾をしやすいよう腹甲が凹み、後肢と爪が発達し尾が伸びて太くなり、鋭い顔つきになる。

一方メスは、オスのように発色せず色彩的には褐色で地味。眼は褐色だが、眼が丸く優しい顔つきに見える。オスに比べて甲羅が盛り上がることが多い。

幼体は外見上、雌雄の差はない。黒や茶色ほぼ一色の個体から各甲羅に薄黄色の斑点が入るものまでさまざまだ。成長に伴い甲羅に模様が浮き出て、顔や前肢に発色が現れる。とくにオス個体は性成熟する直前に短期間で色が変化するため育成による変化を楽しむことができる。

甲羅の模様のメリハリがあり、顔や前肢の発色が鮮やかな個体ほど人気があり高価。トウブハコガメは愛好家の間では人気が高く積極的にブリードされている。日本だけでなくヨーロッパや、アジアなどでも注目され、色彩が派手な個体がＳＮＳなどで紹介されている。爬虫類ショップで購入できるほか、秋に行われているブリーダーズイベントでは各ブリーダーが繁殖させた個体を直接購入することもできる。

飼育のコツ

まずは、子ガメ（3～5cm）の飼育方法を。幼体は繊細なのであまり触ったり覗いたりせず安静を心掛けよう。飼育容器は幅 30 ×奥行 18 ×高さ 24cm 水槽程度。複数飼育では噛み合うことがあるので個別飼育が望ましい。市販されている爬虫類用の紫外線灯を設置する。

飼育方法は水飼いと陸飼いの２つの方法がある。水飼いは容器全体に薄く水を張り、薄いレンガなどで陸場を作る方法。陸飼いは容器に湿った土や水苔を入れて陸場を作り、別途全身が入る水入れを設置する方法だ。いずれも全身を隠すことができるシェルターを設

C.B. のメス。落ち着いた色彩の個体が多い

W.C. のブラックタイプ。頭部や背甲の柄は個体差が大きい

黒勝ちな W.C. 個体のメス

柄や色彩がまだはっきりしていない幼体

置するとよい。全体的に湿った環境とするが、病気を防ぐために甲羅や肌を乾燥させることができる陸地も必要になる。

ケージ内の温度は最低30℃を維持するのが望ましい。高温では35℃以上になると危険。餌付くまで紫外線は必要なく薄暗い場所で飼育した方が落ち着きやすい。シェルターや水苔や土の中に潜ることができる環境にすることが大事である。潜っている間はエネルギーをあまり消費していないため健康な個体であれば2～3週間程度はそのままで問題ない。無理に掘り起こしたり手にとったりせず見守ることが重要。お腹が空けば自分で出てきてゲージ内を歩くようになる。早朝にエサを探して歩き回ることが多い。

エサはカメ用の人工餌料やミルワーム、ミミズ、コオロギ、鶏のひき肉、牛ハツなどを食べるが、購入先で食べていたエサを聞いてそれを与えるのが一番確実だ。動きに反応することが多いので、食べない場合は生き餌を与えるとよい。最終的にはカメ用の人工餌料に餌付かせると成長が早く管理もしやすいだろう。慣れるまでは人が見ていると怯えて食べない場合もあるので、そのときは飼育容器から離れ時間をおくとよい。

エサの頻度は残さない程度の量を毎日与え、成長に伴い飼育容器を大きくしていく。慣れれば人を見るとエサを求めて寄ってくるようになる。

成体になれば、体のサイズに合わせて60cm水槽（60×30×36cm）や90cm水槽（90×45×45cm）ほどの大きさのケージを用意する。そこに黒土やヤシガラ土などで陸場を作り、体全体が入る水入れを設置する。

エサは毎日でなく2～3日に1度でよい。幼体時に食べていたエサ以外にバナナやリンゴ、ミカンなどの果物も食べるようになる。

成体は可能であれば野外やベランダなどでの飼育が望ましい。1m×2mほどのスペースでペア飼いが可能だ。カメが乗り越えられない囲いを作り、夏場は高温になり過ぎないよう日よけやシェルターを必ず設置する。オス同士は闘争し噛み合うので同居は避けるが、メス同士は比較的協調性があるので同居が可能である。

冬場は湿った土に潜らせて冬眠させることが可能。乾燥を防ぐために土の表面に落ち葉や麻袋などを置くとよい。夜間の最低気温が10℃を切るくらいになる11月頃になると自分で潜っていく。冬眠中に土の上に出てきたら体調不良の可能性があるので加温飼育に切り替える。日中の気温が20℃近くなる3～4月頃冬眠を終え土の中から出てくる。積雪がある地域では冬眠箱を用意して温度が下がり過ぎない場所（5℃程度）で冬眠させるとよい。

（和象亀）

フロリダハコガメ

Terrapene carolina bauri

アメリカハコガメ属

分布／アメリカ・フロリダ州　別名／フロリダボックスタートル　甲長／12～16cm

丸い甲羅に映える、鮮やかな黄色のライン

W.C. のオス

特徴と魅力

アメリカのフロリダ半島に生息するハコガメ。成体は甲長 12～16cm でもう少し大きくなる個体もいる。オスのほうがやや大きくなる傾向がある。個体差はあるものの、アメリカハコガメ属のなかで随一の甲羅の高さを誇り、成体はかなりのボリューム感がある。

幼体のときから背甲正中には黄色い1本のラインが入るのが特徴で、そのほか細かな放射状の黄色い柄が入る。四肢にも黒地に黄色のラインや模様が見られる。腹甲は黄色～クリーム色一色の個体から、背甲と同じように黒いラインの入る個体もいる。オスの成体では腹甲の中心付近がポッコリと凹み、交尾時にメスに乗りやすいようになり、後肢がかなりガッシリとなり、メスの甲羅に引っ掛けやすいようにツメを伸ばす。これは他の亜種でも同様だ。

本種の特徴は、他の亜種よりかなり水に依

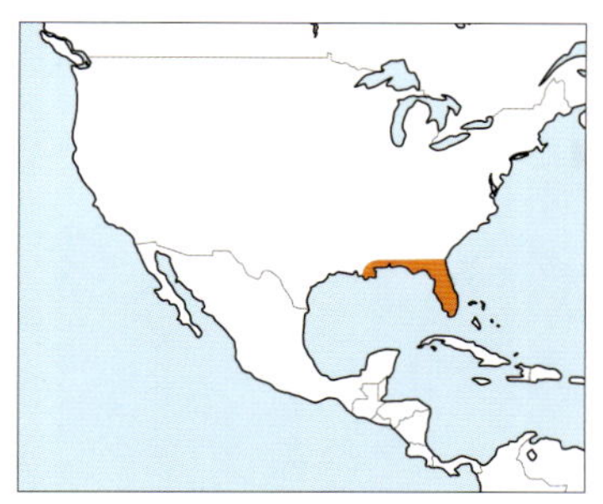

フロリダハコガメの分布

C.B. のメス

存しているところ。成体では朝の活動開始時に水場に入り、水中からエサを探し、次いでバスキングという一連の行動が観察できる。泳ぎも上手で、水中でエサを探すことも巧みだ。

本種の魅力は、何といっても黒い甲羅に黄色いラインという極めて鮮やかなカラーリングではないだろうか。ラインの入り方には個体差があり、花火のように細くたくさん入る個体から、切子ガラス細工のような切れのあるラインが入る個体、太いラインが優しく入るもの、黒勝ちの渋いもの、あるいは全体的に黄色に見える派手なものなどとバリエーションが豊富。そして甲羅が高くなる個体は、「江戸時代の手毬」を彷彿とさせ、アメリカハコガメとはいえ、どこか日本の和に通ずるところがあるところも本種の魅力といえるだろう。頭頂部には黒地に2本の黄色いライン（縦縞）が入るが、これは成長とともに薄れたり、逆にハッキリしてきたりと個体差がある。ま

背甲を縦に１本のラインが入り、その他放射状に広がるような柄が特徴。色彩やラインの数、または太さなどに個体差がある

た、小さい頃からラインのない個体もいる。頬部には、目尻から鼓膜を通って首元に２本の黄色いラインが入るが、これはオス個体では成長とともに不鮮明になる傾向があり、メス個体ではそのまま残る傾向が強い。瞳はオスメスともに黒く、大きくなってもかわいらしい顔つきは変わらない。

飼育のコツ

現地写真を見ても、他の亜種よりかなり水に依存していることがわかるので、ポイントは水場になる。水深は甲高以上が必要で、面積もできるだけ広いほうがよい。

室内飼育では、朝と夕方に水換えするのが理想で、水はできるだけ綺麗に保ってあげよう。できれば陸場は潜ることができる床材が理想だが、水場と陸場を行き来するので、かなり汚れてしまう。床材がなくてもシェルターがあれば大丈夫だろう。また、よく慣れた個体であれば、シェルターがなくても元気な個体もいる。ヤングから成体であればバスキングスポットを作ってあげると生き生きする。目安として水温・気温ともに 28 ～ 30℃をキープしたい。

ベビー、幼体については拳大になるまでは水場だけで飼育した方がトラブルは少ない。温度は 30 ～ 32℃はキープしたいところ。そして水苔や、マジックリーフなどで必ず隠れ家を作ってあげよう。幼体が餌付かない原因は、隠れ家がなく、落ち着かない環境にいる

01_ カロライナ種のなかでもとくに水場を好むフロリダハコガメ。しっかり泳げる水場を作るのがポイント。02_ 屋外飼育では夏場の直射日光に注意。影になる隠れ場所を作る。03_ ケース内の飼育でも陸地と水場を分けて飼育するのが基本

01

02

03

場合がほとんど。落ち着く環境を整え、温度がしっかりキープできていれば、食欲も湧いてくるはずだ。

野外飼育はこの仲間にとって理想的な環境といえるだろう。太陽、風、匂いなどの季節感は大切だ。庭のない方でも、春先から秋まではベランダなどに出してあげるとカメは生き生きとしてくる。ただし、直射日光に当てる場合は、必ず飼育者が観察できる間にすること。とくに夏場の直射日光は逃げ場がない場合、死に直結してまうので注意しよう。

また、野外飼育ではどの個体もしっかりとエサを食べられているか確認することも大切だ。とくに複数飼育の場合は注意が必要。また、フロリダハコガメに関しては、関東以南であれば野外越冬できることが確認されている。夏場にしっかりと栄養を取り、がっしりと育った個体であれば問題ないだろう。筆者の飼育場でも10年以上前に冬眠にチャレンジした際は、かなり心配したが、冬眠前の成体の様子から問題なさそうだと判断し、越冬させた。やはり日頃の観察が大切ということだ。

また幼体の野外飼育だが、拳大のサイズになるまではやめておいた方がよいだろう。やはり幼体においては、エサ食いも含め、観察が疎かになることが致命的になるためだ。目安として生後1年間は室内で管理し、2年目以降から野外飼育を行うのが安全だろう。

（ありんこくらぶ）

ガルフコーストハコガメ

Terrapene carolina major

アメリカハコガメ属

分布／アメリカ中南部　別名／ガルフコーストボックスタートル　甲長／16 ～ 22cm

野性味あふれる活動的なハコガメ

C.B. のイエロータイプ。細かなスポット柄が美しいオス

特徴と魅力

アメリカ合衆国の南部に生息しているガルフコーストハコガメ。大きさは 16 ～ 22cm ほどで、本種のなかでは大型で迫力があるため野外で飼育するのに適している。甲羅はあまり高く盛り上がらず縁が反りフレア状になる個体もいて成長すると見応えのあるフォルムになるのが特徴だ。

庭で飼育すると活発に活動する姿が観察できる。おもに陸場で活動するが水への依存度が高く、雨が降ると活発に動き出したり、交尾行動をとったりする。他種もそうであるが、慣れると寄ってきてエサをほしがるうえ、給餌の時間になると、エサの場所で待っていたりする。

背甲は褐色で無模様もしくは甲羅の継ぎ目が黒くなるほか、なかには斑点状の模様が入る個体もいる。肌色は茶色や黄土色で地味な印象の個体が多いが、オレンジ色や黄色など

ガルフコーストハコガメの分布

ブラックガルフと呼ばれる
W.C. 個体のオス

に発色するタイプもいる。フロリダ近辺に生息する個体群は、全体が黒色で迫力がある個体が多い。国内で選別交配が進みブラックやイエロー、オレンジなど、色みを表示して販売されていることが増えてきた。腹甲は無地もしくは黒のブロック状の模様が入る。

雄雌の性差があり、オスは頭部や四肢が発達し、腹甲にへこみが出てくる。足の爪が発達し尾が伸びて太くなり全体的に逞しい印象になる。メスは顔つきが優しく全体的に大人しい印象を受ける。

流通量はミツユビハコガメ、トウブハコガメに次いで多い種であり、爬虫類ショップで入手することができる。以前は大きくて地味であるという印象が先行していたが、実際はさまざまな色合いの個体がいることが知られるようになって人気が出てきている。価格は本種の中では比較的安価だ。なかでも黒みの強い個体は迫力があるため人気があり高価で取り引きされている。販売個体は幼体がほと

W.C. 個体のオス

C.B. オスのオレンジタイプ

んどで、アダルト個体が販売されることは稀である。

飼育のコツ

基本的な飼育方法は、トウブハコガメに準ずるが、ガルフコーストハコガメは、比較的大きくなるので大き目のゲージが必要になる。

室内飼育であれば、10cm 以上の大きさの個体で底面積が 60 × 45cm 水槽、15cm 以上の個体で 90 × 45cm 水槽ほどの大きさのゲージを用意し、黒土やヤシガラ土などで陸場を作り体全体が入る水場を作る。アダルトサイズであれば野外飼育がおすすめ。運動能力が高いため脱走には十分注意する。ブロックなどによじ登ったり、また個体同士重なり合いその上に乗って脱走したりする場合もあるので注意が必要だ。また、野生生物（カラスやアライグマなど）からの被害を防ぐためにも上部を金網などで覆うとよい。冬場は湿った土に潜ることで冬眠させることも可能だ。

雄雌そろっていると、春や秋に交尾行動が見られる。土を掘って 4 個～ 6 個ほどの卵を

W.C. 個体のオス

ブラックタイプの C.B. メス

C.B. 個体のメス

産む。産んだ卵は空気穴のある容器に湿った土や水苔などを入れて湿度保ち(80 ～ 90%程) 25 ～ 30℃で管理すると 2 カ月ほどでフ化する。

日々様子を観察して体調に異変を感じたら早めに対応することが大切だ。多い症状としては抵抗力が落ちて前肢や首の部分が腫れ力が入らなくなる症状や耳の部分に腫瘍ができて腫れる症状が比較的多い。異変を感じたら爬虫類を診察していくれる獣医に連れて行くようにしたい。

(和象亀)

明るい色彩の C.B. メス

ミツユビハコガメ

Terrapene carolina triunguis

アメリカハコガメ属

分布／アメリカ中部　別名／スリートゥボックスタートル　甲長／10～15cm

もっとも入手しやすいアメハコの入門種

28年飼育しているW.C.個体

特徴と魅力

アメリカ合衆国の中部に分布し、比較的広範囲に渡って生息しているミツユビハコガメ。大きさは10～15cmほどで本種の中では小型であるため室内でも飼育しやすい種類だ。

甲羅が丸く盛り上がる個体が多く全体的にかわいらしい印象を受ける。とくに幼体は眼が大きくて愛らしい。ちなみに、幼体の甲羅は平たいが成長に伴い丸く盛り上がっていく。

また、色や模様の個体差が大きい種類としても知られている。背甲の地色は茶色だが、個体によって濃淡があり、放射状のラインが入る個体もいるが成長に伴って消失することが多い。腹甲は模様が入らないか、甲羅の継ぎ目が黒っぽくなる程度で、一部放射状の模様が入る個体もいる。

甲羅の色に性差は見られないが、顔や手足の発色には性差がある。オス個体の色彩は派手になりやすく、頭部がオレンジ色や黄色、赤、

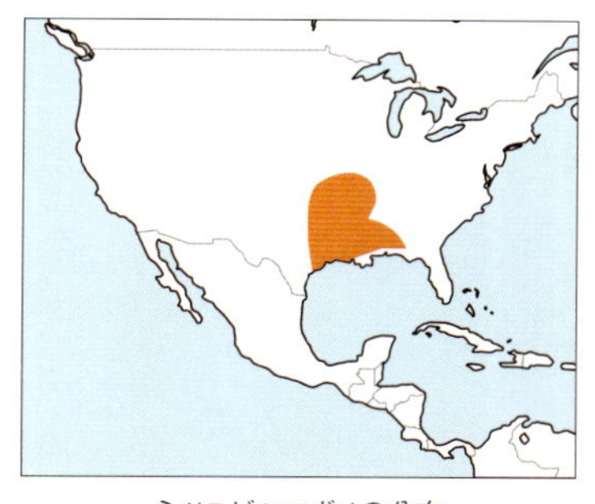
ミツユビハコガメの分布

国内C.B.の３歳

喉元や前肢にスポット状の模様が入るC.B.個体

白、黒などに発色し、複数の色が入り混じることもある。また、頭部の骨はあまり発達せずスマートなイメージだが、眼が赤くなり鋭い顔つきになっていく。さらに肢の爪が発達し尾が伸びて太くなる。

メスは全体的には褐色で地味だが、オスに比べて甲羅が盛り上がることが多い。目は褐色で優しい顔つきをしている。

幼体はほぼ茶色一色で地味に見える。甲羅は無地もしくは薄い斑点や放射模様が入るが、甲羅の模様は成長に伴い消失もしくは薄くなる。

サイテス記載以前はアメリカハコガメのなかでは最も多く輸入された種類だ。現在でも飼育者が多く積極的にブリーディングされている。小型でかわいらしい雰囲気があり、オスは成長に伴う発色のバリエーションが豊富なため流通量は多い。また、価格も本種のなかで最も安価なため、入手しやすくアメリカハコガメの入門種として人気がある。販売個

まん丸で光沢のあるつるんとした
甲羅が特徴のミツユビハコガメ

体は、幼体がほとんどでアダルトが販売されることは稀である。

飼育のコツ

飼育方法の基本はトウブハコガメに準ずるが、ここではヤングサイズ(6～10cm)の飼育方法を紹介する。

幼体から6cmほどに育つと、人にも慣れ丈夫で飼育しやすくなる。温度も対応できる幅が広がるため夜間25℃以上、日中は30℃で飼育できる。また、成長に伴いゲージのサイズを大きくする。底面積で60×30cm水槽ほどのサイズが望ましい。その他同程度の衣装ケースやコンテナボックスなどでも飼育が可能だ。

温度は、保温球などでケージ全体を温めるようにしたい。パネルヒーターでも工夫次第では可能であるが、厳冬期などは温度の一定管理が難しくなる。

幼体よりも乾燥にも強くなるため、陸場主体で体全体が入る水入れを設置する。水入れの水は飲み水も兼ねているため毎日新鮮な水に取りかえる。陸場にシェルターを設置し内部は霧吹きなどで湿度を保つとよいだろう。乾燥させ過ぎると甲羅が凹凸になってしまうので注意する。

与えるエサは幼体と同じ。人工餌料に餌付けると成長が早いので、このサイズまでに人工餌料を食べるようにしておきたい。よく食べるエサに粉状にした人工飼料を振りかけるか練り込んで混ぜて与える方法で食べるようになる。エサをよく食べるようになるとフンの量も増えるので、病気を防ぐために飼育環境を清潔に保つことを心掛けよう。不潔な環境だと甲羅に白いカビのようなものが付き白化してしまう。健康上の問題はほとんどないが見栄えが悪いのでブラシ等でこすって清潔さを保つと甲羅の白化は防ぐことができる。

室内飼育でも、時折日光浴をさせると健康に育つ。その際必ず隠れることができる場所を用意する。温度の上がりすぎや取り込み忘れは致命的なので、とくに夏場に日光浴させている間はその場を離れないようにするのが望ましい。曇りの日でも紫外線は出ているので効果はある。

ちなみに爬虫類は体温の維持を外気に頼っておりエネルギーの消費は少ないためこのサイズになれば数日間エサを与えなくても問題はない。留守をする際には清潔な水、湿度・温度の維持を心掛ける。心配であればゲージ内のエサ皿に、乾燥したままの人工餌料やジャイアントワームなどの生き餌を投入しておくとよいだろう。

（和象亀）

メキシコハコガメ

Terrapene carolina mexicana

アメリカハコガメ属

分布／メキシコ北東部　別名／メキシカンボックスタートル　甲長／12 ～ 16cm

頭部や腕に多様な色彩が散りばめられる

黄、青、白のカラフルな色彩が入るW.C.のオス

特徴と魅力

メキシコハコガメは、メキシコのサンルイスポトシ州北西部、タマウリパス州南部、ベラクルス州北部に生息するアメリカハコガメ属の一種。甲長は11 ～ 16cm程度で、メスはオスよりも大型化する傾向がある。

甲羅は楕円のドーム状で、第三椎甲板は少し盛り上がることがある。色調は明るい茶色から濃い茶色または黒、個体によってはブチ模様が出るものもいる。シーム（甲板のつなぎ目）はこげ茶から黒色の個体が多い。指は前肢が5本、後肢3本が基本のようだ。

大人のオスの頭部の色は、青、赤、黄の原色一色をベタ塗りしたような個体から、それらの色に茶、黒、白などを含めて、各色まばらに配色したような個体などバリーエションが豊富で、それが本亜種の最大の特徴であり、魅力である。対してメスの頭部は、褐色系などの地味な色合いが一般的だ。

メキシコハコガメの分布

W.C. のメス個体

オレンジ色の発色が美しい
W.C. 個体のオス

飼育のコツ

他のアメリカハコガメ同様、飼育しやすい種類といえる。飼育スペースは広いほど好ましく、それに加え人や環境への順化、安定した環境を満たすことで活発で多様な活動を観察できる。筆者宅では通常室内で単独飼育し、紫外線灯やホットスポットを設置して季節に応じた温度や照明時間の変化をつけている。

・春……30℃、照明時間 12 時間
・夏……30 ～ 32℃、照明時間 14 時間
・秋……23 ～ 30℃、照明時間 12 時間
・冬……18 ～ 28℃、照明時間 11 時間

詳細な設定は各自の飼育事情によって変わるが、年周期を数年にわたり一定にして飼育することが、繁殖を見据えている飼育者にとっては重要だと考えている。

エサは人工飼料を中心に、活コオロギや冷凍ピンクマウス、果実や野菜などを周年給餌している。

繁殖のコツ

繁殖は、春設定の 3 月頃に 1 クラッチ目がはじまり、8 月ごろまで続く。筆者の飼育例では、最大 6 クラッチ 15 個産卵に及んだこともあるが、通常は 3 クラッチ 10 個前後産卵す

オス個体はカラフルな色彩のバリエーションが豊富

る。卵は4～5cmとミツユビなどと比べると格段に大きく、有精卵であると卵黄が沈下し、広がっているためひと目でわかる。抱卵（体内に卵を持っている状態）が長期に渡ることがあるが、1ヵ月間くらいまでは問題なく発生がはじまり、1ヵ月半が過ぎると卵黄が沈下していても発生しないケースが増加する。この問題はしっかりした高温多湿環境と産卵個体が好む産卵床の質や厚みを提供することで解消される場合が多く、産卵期には頻繁な散水とパームマット、黒土、赤玉のブレンドの産卵床を20cmほどの厚さで敷いて対応している。半面、メキシコハコガメは、他のアメリカハコガメよりも甲羅のかさつきが発生しやすいため、高温多湿環境での飼育では甲羅の状態に注意が必要になる。

通常、産卵後2週間から1ヵ月半の間に次クラッチを抱卵するが、それが見られなくなると産卵期は終了。来季の産卵に向け給餌回数を増やし、栄養を蓄えさせるとよい。秋設定に入ったころからメスがオスを受け入れやすくなるため、同居を開始するが、交尾は1～2度成立すれば十分だ。冬設定では夜間の最低気温を18℃ほどまで下げ寒さを経験させる。筆者の飼育では冬眠で不動化させることはなく、日中は28℃まで上げ給餌も継続している。この方法で10年以上繁殖を続けている。

ベビーは餌付きがよく、成長も早いため飼育は容易。フ化後1～2週間は無給餌で水苔に潜らせている。その後、人工餌料を目の前に落とせば、大抵すぐに食べめる。ベビー飼育の注意点は、かさつきと温度変化だ。前述の通り、メキシコハコガメの甲羅は大変かさつきやすいため、飼育においては清潔と適度な乾燥を意識するとよいだろう。

また、温室などの均一化された高温環境から温度勾配のある通常環境に移動させる場合、カメ自身がうまくケージ内で温度選びをできず、体調を崩すことがある。新しい環境への順化を意識した移動計画をたて、十分な観察下で移動させることが重要だ。ベビーを入手する際も入手先での育成環境をしっかりと把握した上で、新居の環境設定をすると導入失敗を防ぐ助けになるだろう。

そのほか、流通しているC.B.個体のなかには甲羅が扁平に成長しているものをよく見かけるが、水を薄く張った状態で高温、多給餌飼育を続けているとそのように成長をする場合があるようだ。筆者は、初期の水飼いの際も乾燥を意識し、その後甲長8cmくらいになると広いスペースで、乾燥ぎみの陸飼いをはじめる。その効果かは不明だが、ある程度甲羅の高さのあるプロポーションに育ってくれる。

（亀世堂）

ユカタンハコガメ

Terrapene carolina yucatana

アメリカハコガメ属

分布／メキシコ・ユカタン半島　別名／ユカタンボックスタートル　甲長／ 14 ～ 16cm

年齢とともに渋さが増し迫力が出る

W.C. 個体のオス

特徴と魅力

メキシコ湾とカリブ海に突き出たユカタン半島に自生するアメリカハコガメ。甲長は14～16cm程度で、本種のなかでは中型。メスはオスよりも大型化する傾向がある。

背甲は楕円形のドーム型で、色彩は明るい黄褐色の無斑、シームが黒く縁取られる個体が多い。腹甲は薄い黄色で、オスは中央部分が少しくぼむ。頭部や四肢の色合いは黄金色

年齢とともに肌の色に渋さが増す。
前肢に黄色いスポットが入る美しい個体

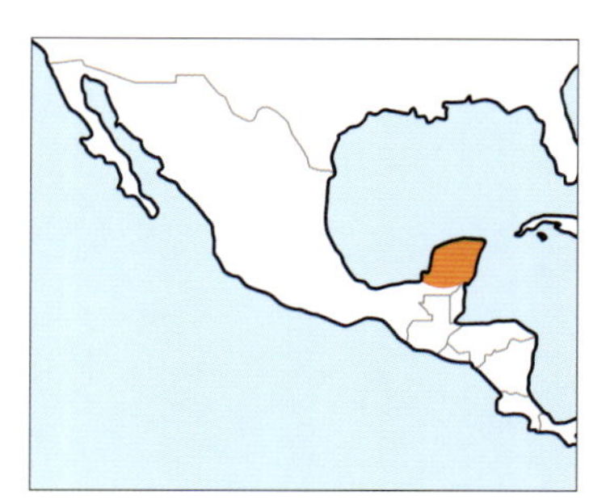

ユカタンハコガメの分布

C.B. 個体のオス

や濃いオリーブ色などで、模様はほとんどみられないが、とくにオス個体で頭部が青白色に染まる。なかには全体が白くなりほのかに黄色やピンク色に染まる個体もいる。この種特有の神秘的な色彩が非常に魅力的だ。

また、本種は愛好家にとって長年の憧れであり幻の種であった。国内では実物はおろか写真ですら見ることが困難であり、2010 年頃に極少数が輸入されたときはセンセーショナルに報じられた。W.C. 個体を市場で見かけることはあるが、非常に高価。近年国内で繁殖もされているが、思うように進んでいない現状があり、市場に出回る C.B. 個体は極少数である。

飼育のコツ

ユカタンハコガメは熱帯樹木の雑木林に生息し、湿地帯のような湿度がある環境を好んでいる。年中温暖な気候であるが冬場は乾燥し、やや気温が下がるため土に身をうずめて

C.B. 個体のメス

W.C. 個体のメス

じっとして過ごすといわれている。

飼育方法はトウブハコガメなど他のカロライナ種と大きく変わらないが、とくに幼体時は乾燥に弱いため、体全体が浸かる広めの水場を作ることが重要だ。容器全体に薄く水を張り、薄いレンガなどで陸場を作る水飼いがおすすめである。幼体は低温に弱いので、ケージ内を30℃程度に保温して育てる。成長に伴いゲージを大きくし最終的には90cm水槽（90 × 45 × 45cm）程度の大きさが必要になる。生息地では冬場は乾燥し休眠していると考えられているが、日本のようには気温は下がらない。

成体は10℃程度の低温に耐えるという報告もあるが、繁殖させないのであれば、通年25℃以上を保って飼育するのが無難だ。繁殖を狙う場合は、季節変化をつけての飼育が求められる。しかし、国内では安定した繁殖がなされていないため温度や湿度をどのようにコントロールしていけばよいかは十分な検証がなされていない。（和象亀）

ニシキハコガメ

Terrapene ornata

アメリカハコガメ属

分布／アメリカ中部〜南西部、メキシコ北部　別名／オルナータボックスタートル、デザートボックスタートル
甲長／10 〜 14cm

放射模様に魅せられる愛らしい小型種

甲羅の柄が明瞭なキタニシキハコガメのメス

特徴と魅力

アメリカの中央部から南西部、メキシコの北部まで広い分布域をもつニシキハコガメ。アメリカハコガメのなかでは、フロリダハコガメとニシキハコガメがはっきりとした甲羅の放射模様をもっている。フロリダハコガメは横からみるとドーム型の甲羅だが、ニシキハコガメは上から見るとおまんじゅうのように丸い形をしている。体型が丸っこく、比較的小型で、黒地に鮮やかな黄色い放射模様のある甲羅をもったハコガメがニシキハコガメだ。

顔つきはやさしい表情のフロリダハコガメとは異なり、目つきが鋭く、頭部の筋肉がよく発達しており、噛まれると出血するほど強いアゴの力をもっている。そのいかつい顔は、フロリダハコガメの上品な顔と比較されて、「オヤジ顔」とよくいわれる。しかし、その外見に反してかなりの臆病者。その動きはゼンマイ仕掛けのおもちゃのようで、ドタバタした動きがどことなく愛嬌があり、いかつい顔

背甲の柄が細かく、体色も鮮やかなキタニシキハコガメのオス

とコミカルな動きのギャップが魅力といえる。私が両種を飼育した限りでは、フロリダハコガメより飼い主をよく覚えるようで、給餌のときにトコトコと近づき、足元にまとわりついてくるのはニシキハコガメのほうだ。もちろん成体のオス同士は激しく闘争する。なかには噛み癖のある凶暴な個体もいるようだが、私はまだそうした個体に出会ったことがない。一方メスは穏やかで闘争することはない。

成体のオスとメスでは顔つきがずいぶん異なる。とくに成熟したオスの場合、その眼は真っ赤、頭部は黄緑色（ウグイス色）、まれに黄色になり、前肢の鱗が赤またはオレンジ色に染まって、雌雄で別種のように見える。そのかっこよさのため、オスを好む人が多い。一方、成体のメスの顔はオスと比べて優しく、色彩的にも派手にはならない。

ニシキハコガメは、生息域の違いによってキタニシキハコガメ（*Terrapene ornata ornata*）とミナミニシキハコガメ（*Terrapene ornata luteola*）に分けられている。以下それぞれキタ、ミナミと表記するが、キタのほうが圧倒的に多く流通している。ミナミは2004年オークションサイト（現在は終了）で成体がまとまって販売され、2024年には正規輸入で少数入荷した程度だ。

丸い甲羅が愛らしいニシキハコガメ。ミナミニシキハコガメはキタに比べて甲羅の模様はやや不明瞭

キタの甲羅の地色は黒あるいは暗い褐色で、放射模様は少なめ(第2肋甲板5～8条前後)。一方、ミナミの甲羅の地色はキタより明るい褐色で、放射模様の数がより多いが（第2肋甲板で11～14条前後)、この模様は成長とともに消えてしまうことが多い。また当時出回った個体や現地の個体の写真を見ると、外見的に両方に当てはまりそうな個体も見かける。

ちなみに、2013年発表の分子系統解析による新分類の論文では、3つの遺伝子を比較した結果、キタとミナミは非常に近縁で、異なる亜種とするに十分な遺伝的分化が見られないと論じられていた。このあたりについては、他誌になるが、クリーパー誌（15号、67号）にも詳しいので、お手元にある方は参考にご覧いただきたい。

飼育のコツ

私はいわゆるキタを飼育しており、これまで飼育繁殖してきた21年間（2024年時点）の経験に基づいて飼育法を紹介する。

ニシキハコガメの成体はとても高価で市場にあまり出回らないため、幼体から飼育することが圧倒的に多いだろうから、まずは幼体の飼育法から。他のアメリカハコガメの幼体飼育に準じるが、水を薄く張った容器で飼育する水飼い、あるいは土を敷いた土飼い、どちらも可能だ。ニシキハコガメは多湿に強くなく、現地では草原地帯にも棲んでいる。これまで両方の飼い方を試したうえで、水飼いで元気をなくしていく個体を多く見てきたことから、土飼いで飼育している。しかし、水飼いでうまく飼っている方も多く、それぞれメリットとデメリットあるのでよく比較して選ぶとよい。ただし、水飼いをしたとしても、最終的には土飼いに移行することになる。

私が土飼いを強くすすめる理由としては、まず世話にかける時間が少なくなることが挙げられる。土は毎日交換する必要がないからだ。一方、水飼いの場合、水はすぐに糞尿やエサの残りかすで汚れてしまうため、毎日水を換えなければならない。水換えを怠ると、悪臭やカメが体調を崩す原因にもなる。また、水はけっこう重い。飼育頭数が増えれば、それだけ毎日水を換えなければならず、かなりの重労働だ。第二に、適度な湿度を保った土に潜っているため、甲羅の成長がより自然になる。第三に複数飼育（多頭飼い）ができるといったメリットがある。

床材としての土には、市販の硬いパーム土（ヤシガラ土）に水を加えてやわらかく戻して使用している。それを飼育容器にカメが十分潜りこめるほどの深さに敷きつめ、その土の上に、水入れとエサ皿を置く。カメは購入したばかりのころは土に潜っていることが多いので、給餌の際には毎回カメを掘り出して、

ミナミニシキハコガメの分布

ミナミニシキハコガメ、
C.B. のオス

ミナミニシキハコガメ、
W.C. のメス個体

水でふやかしたカメのエサ（人工のペレットフード）を与える。もともと昆虫類をとても好むので、時折ミミズやコオロギ、ミルワームなどの生き餌を与えるとよいだろう。しかし、そればかり与えると、人工餌料を食べなくなる場合があるので注意。順調な成長また将来的な飼育のしやすさを考えると、人工餌料を中心に育てよう。成長が軌道に乗り、飼育者に慣れてくると、土の上に出てくる時間が長くなり、エサを待つようになる。

土飼いは、日々の水換えからは解放されるが、長い時間が経つと徐々に汚れた床材にダニが発生することがある。汚れた床材は定期的に交換しよう。また、常に土は適度に湿らせ、そこに完全に潜ることで、甲羅の均等な発育をうながすことができる。

ニシキハコガメの幼体は複数飼育しているとよく噛み合う。といっても相手を攻撃する意図はないようで、動くものに反応し、エサと間違えて噛みつくというものだ。とくに、他の個体の後肢を噛み、ひどいときには傷を負わせることがある。人が噛まれると出血す

ニシキハコガメの幼体。
左がキタで右がミナミ

るほどのアゴの力。小さなカメの場合噛まれたことがきっかけで、体の一部を欠損したり、死亡したりすることさえある。とくに水飼いだと四肢がむき出しになりやすく、事故が多くなるため、水飼いの場合は単独飼育が基本となる。ただし、成長するにつれだんだんエサとエサでないものの区別がつくようになり、噛み合い自体は減っていく。一方、土飼いでは複数飼育が可能だ。後肢が適度に土に隠れて、他の個体に噛まれることがほぼなくなる。

キタニシキハコガメは冬眠させることができる。もちろん幼体でも可能だが、少なくとも1年目はヒーターなどで加温し、冬眠させずに飼育したほうがよい。冬の間室内で加温飼育していると、模様の新しく伸びてきた部分が黄色ではなく白っぽくなることがあるが、これは日光が足りていないため。しかし、暖かくなってから適度に日光に当てて飼育すると鮮やかな黄色い模様が復活する。むしろ注意すべきは、日光浴をさせようとしてカメを外に出し、そのまま忘れて熱死させてしまうこと。日光浴の際は十分に注意しよう。

十分成長した成体は水飼いではなく、土飼いをすることになる。私は九州に住んでいるが、通年屋外、雨の当たりにくい軒先のある環境で飼育している。そして11月から翌3月くらいまで毎年冬眠させている。飼育するうえで一番注意すべき時期は、冬眠明け後から5月ごろまでの気温がまだ低めで寒暖差の激しい時期。鼻水を流す、不活発になるなどの不調を見せる個体がおり、そのような症状が出た場合獣医に診せるなどの対処を早めにしよう。

繁殖のコツ

産卵は5～7月にかけて、殻の柔らかい卵を通常3～5個、年に1～2回産む。ほかのアメリカハコガメと違い、飼育下では深い縦穴を掘り、その底の方に卵を産みつけるのが特徴だ。1度の産卵個数及び1年の産卵回数は多くないが、卵が比較的大きいため、大きな仔がフ化し、フ化後も容易に人工餌料に餌付けることができる。

産卵の際に、メスは大きな卵を体外に排出できなくなる卵詰まりを起こすことがある。のちに自然に排出することもあるが、排出できなくて死亡することも。これまで獣医師に手術で卵を取り出してもらったこともあるが、卵の殻は弾力があり、簡単に変形のにそれがなぜ体外に出てこないのか、その原因はよくわかっていない。

九州という比較的暖かい地で、長年このように飼育しているが、室内で飼育して、うまく繁殖に至っている方もいる。その場合産卵する回数が増える傾向があるように感じている。地域によって気候が異なるので、カメにとって最適な飼育法を見つけていく必要がある。

（スジコスジオ）

セマルハコガメ

Cuora flavomarginata

アジアハコガメ属

分布／中国、台湾、石垣島、西表島　別名／イエローマージンボックスタートル　甲長／15～17cm

飼育しやすいアジアハコガメの代表種

中国産セマルハコガメのオス

特徴と魅力

黄色とオレンジのエキゾチックなカラーリングの愛らしい姿のセマルハコガメ。中国と台湾、日本の八重山諸島に分布しているアジアハコガメ属の一種だ。日本のセマルハコガメ（*Cuora flavomarginata evelynae*）は天然記念物であり、本来の生息地は西表島と石垣島だが、近隣の島へ人為的に持ち込まれた個体が国内外来種となっている。いずれにせよ飼育は禁止。

森林に棲息する陸棲傾向の強い水棲亀で、湿度の高い環境を好み、朝夕によく活動する。他の水棲亀に見られる日中の甲羅干しは行わないが、飼育下においては気温の低い日に、温まるため日差しに当たりにくる姿を観察できる。立体活動は巧みで泳ぐこともできる。雑食性で昆虫類や動物の死骸、果実類などを食べている。

中国の生息地は広いためか、色や甲羅の形状が地域によって微妙に異なる。近年は安徽省の個体が重宝されるというが、気に入った好みのタイプを選ぶとよいだろう。タイワンセマルハコガメの流通は少なく、現在は保護されているようだが、日本国内へ50年以上前に輸入され、愛好家によって累代飼育されて

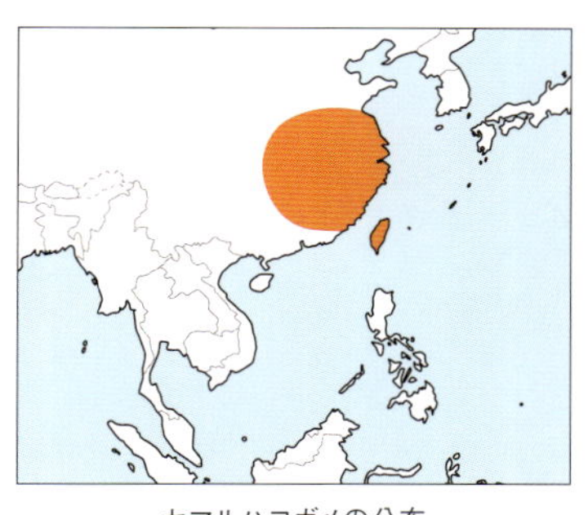
セマルハコガメの分布

チュウゴクセマルハコガメの幼体。背甲の中央部にクリーム色のラインが入る

チュウゴクセマルハコガメのメス

いた個体が最近流通している。

セマルハコガメは日本の環境にも馴染みやすいことから飼育は容易であり、昔から人気のあるハコガメだ。積雪が多くない地域であれば通年屋外飼育が可能で、国内では繁殖された個体が数多く出回っている。

甲長は16cmほどだが、19cmに成長する個体もいる。オスは成熟するとメスよりも頭が大きくなる。セマルハコガメの魅力の一つは頭部の鮮やかな色彩であろう。眼の横から後頭部へ黄色のラインが入るが、色の濃さと幅や形状は地域によって特徴がある。頬から首にかけての皮膚はオレンジ色で地域によって濃さが異なり、首の色が黒や灰色になるタイプもいる。頭頂部はオリーブ色で地域によって濃さが異なる。眼の虹彩は黄色で瞳孔は黒い。通常は虹彩部分に瞳孔を貫通するように黒いラインが入るのだが、そのラインが入らない個体もおり個体差がある。四肢は灰色で尾は雄の方が長く付け根が太くなるので雌雄の判別は容易である。

甲羅の形状はドーム型で、上から見ると卵のような楕円形。メス個体は抱卵するためか、オスよりも横幅が広くなり丸い体型のタイプもいる。地域によって扁平であったり、後方が丸みを帯びていたりと特徴がある。甲羅の

台湾産セマルハコガメのオス（上）とメス（下）。中国産の個体に比べ、頭部の黄色が明るく、目の横のラインが蛍光イエローに見える

色は、フ化直後は褐色系だが成長とともに成長線付近（甲板の端）から黒くなっていく。この際、甲板中央の褐色部分は赤みがかってくる。成体になると全体的に淡い青みがかった黒地に変化するが、甲板にそのまま赤い模様が残るタイプは甲羅が全体的に赤く見えて美しい。背甲正中に一筋のクリーム色のラインが入る。腹甲は通常黒地だが、一部が白く抜けた個体や、地域によっては老化とともに大きく色が抜けていく個体群もいる。

飼育のコツ

温度は28～30℃、高湿度で管理すると状態よく飼える。幼体サイズの場合、冬季は温めて管理したほうが安全。飼育ケージのサイズは成体サイズであれば60cm水槽（60×30×36cm）以上のスペースがあれば問題なく飼育できる。しかし、活発によく動き回り見ていて楽しいハコガメなので、可能な範囲で広いスペースで飼ってみたい。管理できる範囲で、庭やベランダに囲いを設けて通年屋外飼育してもよいだろう。幼体サイズは、広いケージだと管理が行き届かなくなる場合があるので、小さなプラケースで飼育管理したほうがよい場合もあるが、まずは飼育者が楽しめる好みのケージを選ぶとよい。ケージの高さが低いと脱走されるので、逃走防止用のフタを設置するか、高さのあるケージを用意する。壁面がネットなどの場合、垂直によじ登ることもできるので注意しよう。

水場は必ず用意する。よく汚すので簡単に交換できるサイズの水入れを用意するか、水換え頻度を軽減できるようろ過装置を設置してもよい。水深は甲羅が完全に浸かる深さが理想だが、幼体を飼育する場合には、ひっくり返って元に戻れず溺れることがあるので甲羅が出るくらいの水深でもよい。

甲羅をきれいに育てるためには湿度が重要で、甲羅が充分浸かるくらいの水場を用意するか、甲羅が隠れる深さの湿らせた床材が用意しよう。乾燥した環境や中途半端に甲羅が水場から出ている状態で長期飼育を行うと甲羅が凹んだり成長不良を起こしていびつに変形してしまう。他には空間をミストできる器具を設置したり、適度に霧吹きするなど高湿度に保つ工夫が必要となる。蒸れには強いので密閉した空間にすれば湿度は保ちやすいが、空気が動かないとカビの温床となる。カビが付着した甲羅を放置すると、広がって白くかすれた汚い甲羅になってしまう。ケージ内をサーキュレーターや小型のファンで空気を動かしてやるとよいだろう。

筆者の家では、成体サイズの床材は黒土と腐葉土を混ぜたものを使用している。潜る行動を好むので、潜りやすくしておく。また、そのままの床材で冬眠や産卵も行える。室内飼育で汚れが気になる場合は、水飼いでの飼育も可能だが、幼体サイズは問題ないが、大きい個体の場合、体の重みで四肢の裏が底面のガラス・プラスチック面との摩擦で赤くなることがあるので注意。この場合、流木や鉄平石、表面に凹凸のあるタイルなどを置くとよいだろう。潜れる場所がない場合は、シェルターを用意すると隠れて落ち着く。セマルハコガメは産卵する際、浅く穴を掘って産卵するため、他の個体に食卵されやすい。背後が隠れるシェルター内で産むことが多いので、産卵をさせる場合には設置するとよい。屋外飼育の場合、近年の真夏の炎天下は危険なのでシェルターのほかに日除けが必要となる。飼育ケージ内に遮光ネットなどで日陰を作り出し、さらに風が抜けやすい空間を用意するとよい。

体の背後が隠れるシェルター内で産卵するケースが多い

エサはカメ用の人工フードに餌付き、昆虫類やミミズ、肉類、バナナなどの果実類を好む雑食性で大食漢だ。エサは陸地で食べるが、乾燥した人工餌料はそのまま水入れに入れて与えてもよい。人慣れするとエサをほしがって寄ってくるようになる。

繁殖のコツ

ペアが揃えば繁殖が狙える。雄は冬眠前後の温度差や湿度の変化で発情すると交尾行動を行う。交尾のための求愛行動は2種類ある。オスがメスに対して首筋付近に潜り込み、自分の頭を擦り付けながらひっくり返すような行動と、鼻水を飛ばしながら威嚇音を発してメスの項甲板に噛みつき横に激しく振る行動だ。メスが大人しくなるとオスが後ろに回り込み交尾を行う。この行動はセマルハコガメ特有で、筆者の家ではチュウゴクセマルとタイワンセマルの2種類で同様に確認できた。

産卵は春から夏にかけて行われる。卵の大きさに個体差はあるが、大きいもので5cm程の楕円形。1度に2～5個程の卵を産み、約20日の間隔で2～3クラッチ産卵する。筆者の家では、1匹が年間で産む数は多くて8個である。食卵を防ぐため、産卵場を用意して1匹ずつ産卵させている。　（かめぞー）

ヒラセガメ

Cuora mouhotii

アジアハコガメ属

分布／インド、タイ、中国、ベトナム、ミャンマー、ラオス　別名／キールドボックスタートル　甲長／17～20cm

まるで怪獣のような箱にならないハコガメ

独創的な甲羅の形が人気で、長い四肢を豪快に動かして移動する

特徴と魅力

ヒラセガメはハコガメの仲間に分類され、腹甲には蝶番があり、わずかな可動性はあるものの他のハコガメのように完全に腹甲を閉じることはできない「箱」にならないハコガメ。生息地がインドや中国、タイ、ベトナムなどのムオヒラセガメ（*Cuora mouhotii mouhotii*）とベトナムに生息するオブストヒラセガメ（*Cuora mouhotii obsti*）の２種類がいる。ムオヒラセは生息地域が広いため、模様や色に違いがありバリエーションが豊富だが、オブストヒラセは流通が稀な種類。

甲長は20cmとハコガメの中では大型な種類だ。頭はごつく、甲羅は独特な角張ったキールにギザギザした縁甲板を持ち、四肢は長く爪が鋭い。怪獣のような格好よさが魅力といえる。甲羅の色は赤や黄の褐色で、暗褐色のほか、クリーム色や放射状の模様が入るタイプもいる。山あいの森林に棲息し、その姿は枯れ葉が堆積するような場所では保護色となる。ハコガメの仲間では眼が大きく、わずかな動きにも反応することから視力はかなりよいはずだ。飼育下では慣れると全く体は動かさずに口だけ大きく開き、まるでエサ待ちする雛鳥のような姿を見せ、たいへん可愛い。

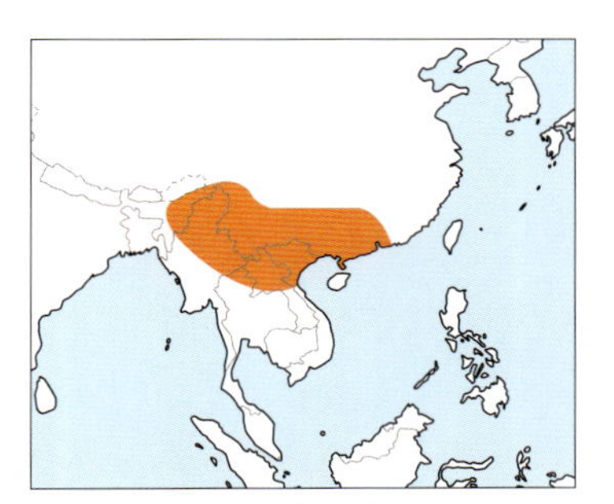
ヒラセガメの分布

明るい色彩のベビー１歳

理想的な形に成長している
若い個体

飼育のコツ

ヒラセガメの基本的な飼育方法は、他の陸棲のハコガメと同様の飼育方法でよいだろう。甲長は20cmほどのサイズになることから、飼育ケージは広いほうがよいのだが、気に入った場所があれば一日中その場所から動かない不活発な面があるので、サイズの割にスペースを必要とせずに飼育管理できてしまう。筆者の場合、複数の成体を飼育しているため、室内飼育の際には１匹に対して幅50cmサイズのコンテナボックスで管理している。しかし、屋外で飼育してみると、広い場所であればそれなりに移動は行うので、肥満防止を考えて動けるくらいのスペースを確保したい。

飼育下では野生個体のような甲羅に育て上げることが難しいカメである。飼育下では甲羅が平らになったり、沿ったりして、形がいびつになりやすい。幼体や成長期の若い個体は高い湿度で管理する必要がある。床材は適度に湿らせた土や腐葉土などを用意する。水入れは必要で、飼育下では一日中水に入ったままという日もある。水は甲羅が浸かる深さがあるとよいだろう。エサはカメ用の人工餌料や昆虫類、肉類、バナナなどの果実類をよく食べ、置き餌で与えてもよい。昔は安価で輸入状態は悪く、餌付かない個体が多かったようだ。食べたとしても導入時に駆虫しないと長期飼育が難しかったが、最近流通する輸入個体でも最初の餌付けに苦労したという話をよく聞く。国内で繁殖された個体であれば飼育は容易だ。

温度は28℃以上あれば活発に動くが、夏場の30℃以上の高温には注意が必要である。成体であれば20℃前後の低温でも活動するが、冬眠させずに管理する。幼体はなるべく高温で飼育したほうがよいだろう。

（かめぞー）

マレーハコガメ

Cuora amboinensis

アジアハコガメ属

分布／インド、インドネシア、カンボジア、シンガポール、バングラデシュ、フィリピン、ブルネイ、ベトナム、ミャンマー、ラオス、マレーシア、タイ　別名／サウスアジアンボックスタートル　甲長／ 18 ～ 20cm

頭部に入るシャープなラインが特徴

美し黄色の肌をもつビルマハコガメの個体

頭部に黄色と黒のシャープなラインが入る。目や口に横向きのラインが入ることで、笑っているように見えるハコガメだ。東南アジアに分布し、インドやタイ、インドネシアなど、10 カ国以上にまたがる広い分布域をもつ。アンボイナハコガメ、ジャワハコガメ、シャムハコガメ、ビルマハコガメの 4 亜種からなる。

甲羅は暗褐色や黒色で楕円形の卵型の形状で甲長は 20cm、オスよりもメスのほうが大きくなる。亜種間で甲羅の幅や高さ背甲のキールの見え方、黄色地の腹甲の甲板に入る黒い斑紋の大きさ、眼の横の黒いラインの幅にも変異が見られる。オスの尾のつけ根付近は太くメスは短いが、尾を伸ばした状態が見づらく他のハコガメに比べ雌雄の判別は難しい。

熱帯雨林の平地や低山地の緩やかな河川や沼地などを好む水棲のハコガメである。暑すぎる昼間よりは朝夕に活発に活動する。食性は雑食性で水生植物や果実類などの他、昆虫類・甲殻類・巻貝や小魚などを食べる。

20cm サイズになるハコガメなので、飼育ケージは可能な限り広い水槽や容器を用意したい。十分に泳ぎ回れるスペースを考えれば、その姿を横から見たくなるのでガラス水槽がおすすめだ。ある程度の高温を好む熱帯に生息するハコガメなので、低温には注意したい。冬場は室内で 25℃前後の水温で管理する。

（かめぞー）

コガネハコガメ

Cuora aurocapitata

アジアハコガメ属

分布／中国　別名／ゴールデンボックスタートル　甲長／ 14 〜 17cm

泳ぎが得意な中国原産の固有種

扁平な甲羅をもつ
コガネハコガメ

'80 年代後半に新種記載されたハコガメで、中国の安徽省に生息している固有種。種小名のアウロキャピタータから愛好家の間ではアウロの愛称で呼ばれる。甲羅の形状が陸棲のハコガメと異なり、泳ぎの得意なカメらしい流線型。甲長はメスのほうが大きく、筆者が飼育するメス個体は 17cm を超えており、オスは 14cm ほどである。

コガネハコガメの魅力はなんといっても黄金の名を冠する黄色い鮮やかな頭部の色彩だろう。眼と頬の辺りには細くて黒いラインが入る。皮膚は全体的に黄色地で、首や四肢はうっすらと灰色。つぶらで真ん丸な眼の虹彩はうっすらと青みがかった色彩で美しい。甲羅はハコガメの仲間の中では扁平で、前方がやや細い楕円形の卵型。濡れた甲羅の色は黒地で、椎甲板前方の１〜３枚目の色は赤く闇に浮かびあがる炎のように映える。

基本的な飼育方法は、一般的な水棲ガメの飼育方法と同じ。温度は 28℃あれば問題なく飼育できるが、夏場の高温には注意。低温には強く冬眠できる種類なので、筆者の家では通年屋外飼育で管理している。ケージは 60cm 水槽（60 × 30 × 36cm）のサイズがあれば飼育可能で、個体のサイズに合わせて選ぶとよい。甲羅干しを行うので、完全に乾燥した陸地を用意し、室内であればバスキングライトを当ててやるとよい。　（かめぞー）

マコードハコガメ

Cuora mccordi

アジアハコガメ属

分布／中国　別名／マコードボックスタートル　甲長／14 〜 16cm

謎が多い中国産のハコガメ

赤褐色の甲羅と鮮やかな黄色の肌が特徴

ペットトレードで香港からアメリカ合衆国へ輸入される際に記載され、カメ愛好家であるマコード博士の名が献名されたハコガメだ。広西・チワン自治区の市場で発見されたというが、正確な分布域は不明で、謎の多いハコガメである。繁殖個体が時折流通している。甲長は16cmほど。甲羅の形状はドーム型で他のハコガメ同様に卵のような楕円形である。甲羅の色は赤褐色で一部縁甲板に黒い斑が入る。腹甲は全体的に黒い斑が入り、縁の色が黄色になる。頭部は水棲傾向のハコガメのように細く、色は黄色で、四肢は黄色地に上部が褐色となる。

野生下での生態が不明であるため飼育下での情報しかないのだが、陸棲傾向に近い飼育方法で飼育可能であることから、セマルハコガメと同様の飼育方法でよいだろう。飼育する温度帯は28 〜 30℃で、湿度は高めに維持できれば問題ない。冬眠は行えるとの情報はあるが、本種は高価であり冷やす行為は勇気がいる。もし、繁殖を狙う場合はクーリングからはじめてみるとよいだろう。

交尾行動は、セマルハコガメに見られるような求愛行動はなく、後ろからマウンティングする一般的なハコガメの交尾方法で行う。この種を手にした大半の方は繁殖を目指して導入されていると思うので、是非ブリーディングにチャレンジしていただきたい。（かめぞー）

モエギハコガメ

Cuora galbinifrons

アジアハコガメ属

分布／中国、カンボジア、ベトナム、ラオス　別名／インドシナボックスタートル　甲長／15～17cm

寄木細工のような模様が魅力

甲羅の模様が独特なベトナムモエギハコガメ

モエギハコガメの甲羅は変化に富んでいる。明暗のある褐色系や黄色系、個体によっては鮮やかな赤色、黒色などさまざまな色が織りなす色彩が特徴で、さらにエキゾチックな寄木細工のような模様も印象的だ。亜種によって模様や色のパターンが異なり、昔から愛好家を魅了するハコガメだったのだが、現在、ベトナムモエギハコガメ（*C.g.galbinifrons*）、カンボジアモエギハコガメ（*C.g.picturata*）、ラオスモエギハコガメ（*C.g.bourreti*）の3亜種すべてがサイテスIに記載されている。国内外で飼育繁殖されマイクロチップが埋め込まれた登録票のある個体がわずかに流通する状況だ。

甲長は17mほどで最大20cmとされる。楕円形の形状で甲高なドーム状の甲羅のため、同サイズの他の陸棲のアジアハコガメと比べるとボリュームがあり大きく見える。

基本的な飼育法は、陸棲のハコガメと同様でよい。しかし、アジアハコガメのなかで最も神経質とされる種で、状態のよい個体であっても他種と複数飼育したことで状態を崩すこともある。温度は28～30℃で、湿度は高めに維持する。生息地の気温を考慮し、冬季は室内で温めて飼育管理するとよいだろう。繁殖を狙うなら20℃前後の低温で留めておいたほうが安全だ。1クラッチで2～3個の大きな楕円形の卵を産む。　（かめぞー）

その他のハコガメ

ミスジハコガメ

Cuora trifasciata

背甲に入る３本のキールに黒いラインが入るアジアハコガメ。中国やベトナム北西部に分布し、水生植物が繁茂する川や湿原などに生息する。タイリクミスジハコガメとハイナンミスジハコガメの２亜種が知られる。水棲傾向が強い種類で、飼育はマレーハコガメに準ずる。甲長は 18 ～ 25cm。

シェンシーハコガメ

Cuora pani

中国の雲南省南部や四川省北部、陝西省南部に生息するアジアハコガメ属。扁平な褐色の甲羅をもち、上から見ると卵型。標高 420 ～ 1000m の渓流や水田やその周辺に生息しているため、水棲傾向は強いとされる。現在は飼育下で繁殖された幼体がかすかに流通するのみ。

ユンナンハコガメ

Cuora yunnanensis

中国の雲南省を意味する種小名で、本種の分布域を表している。雲南省の標高の高い水の澄んだ河川周辺に生息していると思われる。記載は 1906 年と古いが、その後の記録がほとんどなく、一時は絶滅したとも考えられていた稀少種。2008 年に少数のワイルド個体が発見されている。

クロハラハコガメ

Cuora zhoui

中国の市場で発見されたハコガメで、雲南省の南東部や広西チワン族自治区に生息しているとされる。黒く染まる背甲と腹甲をもち、甲羅の形は扁平で水棲傾向が強い。国内には種として記載される前の輸入例はあるが、最近では海外で繁殖された C.B. 個体がわずかに流通する程度。

ヌマハコガメ

Terrapene coahuila

メキシコ北部の限られた地域にのみ分布するアメリカハコガメ属の稀少種。別名ヒメハコガメと呼ばれ、甲長は 14cm。水棲傾向が強く、背甲は黒褐色やオリーブ色などの単色無斑で、横から見ると扁平なドーム型。遺伝的にはカロライナハコガメに近いが、二次的な進化を遂げて水棲になったと考えられている。

ネルソンハコガメ

Terrapene nelsoni

メキシコ西部原産のアメリカハコガメ。背甲は幅の狭い楕円形で、なだらかなドーム型。甲羅の色彩は黄褐色から茶褐色で、黄色いスポット模様がまばらに入る。基亜種のミナミネルソンハコガメと、キタネルソンハコガメの２亜種が知られる。

Part 3

飼育&繁殖の基本

ハコガメを飼うときに知っておきたい基本のノウハウ。個体の入手方法から幼体の管理、成体の管理、給餌、季節の飼育、ブリーディング、よくあるトラブルなどをやさしく解説している。種類による細かな違いは各種図鑑ページを参照してほしい。

取材協力＝里村亮祐（世界のあいまる）、田向健一（田園調布動物病院）

lesson 01

個体選びと幼体の管理

01

02

01_ミツユビハコガメ、幼体の飼育例。水苔を少量入れるだけでも隠れ場所ができて落ち着く環境になる。02_段ボール1～2枚の傾斜をつけるだけでもベビーにとって快適な環境になる。ひっくり返らないよう、浅めの水深で管理

購入先は専門ショップかイベントか？

ハコガメの入手先は、基本的に爬虫類ショップになる。かつては安価な輸入個体が豊富に出回っていたが、サイテスの記載以降は流通量はそれほど多くない。専門ショップのWebサイトで入荷情報などを頻繁に確認するとよいだろう。

また、最近ではブリーダーが直接販売を行うイベントが盛況だ。ブリーダーズイベントのメリットは、個体のルーツが明確であること。親の個性や生まれてからの成長の過程を聞くことができ、その個体の性質を把握することができる。一方、専門ショップでは、どのような環境で飼育されているかがオープンになっていることがメリット。飼育環境やエサ食いの様子などを実際に見ることができ、その後の管理のイメージがしやすくなる。

スタートは成体か幼体か？

ハコガメに限らず爬虫類の多くは大きくなるほど高価になる。そのため生まれたばかりの個体が一番安価なのだが、体力が十分ではなく環境の変化に弱いので、それなりのリスクは考えておいたほうがよい。成長を楽しみいのであれば、生まれてから1度目の冬を越えた個体を選ぶとよいだろう。

成体のメリットはクオリティが完成されていること。幼体では模様や色彩がはっきりしていない場合が多く、成長とともにどのように変化していくかわからない面がある。成体ではそうした心配はない。一方で、環境に慣れるまで時間がかかる場合があり、偏食や拒食になるケースも考えられる。

どちらにしても、初心者であれば、人工餌料にしっかり餌付いていることを確認してから購入したい。そのほか、購入の際には眼をしっかり開いてよく動く元気な個体を選ぶようにしよう。ずっと寝ていたり首を引っ込めて出てこない個体は避けたほうが無難だ。また、甲羅がやわらかく、形成が未完成な個体も避けたほうがよいだろう。

03_ カメ専用フードの定番「カメプロス」(キョーリン)。幼体には小さなスティックタイプを選ぶ。厳選素材を使用し、嗜好性を高めた「プレミアム」もある。04_ ケースの底面をしっかり温める「レプタイルヒート」(ジェックス)。05_ ケージの上に置くだけで内部全体を温める「ヒーティングトップ」(ジェックス)。06_ 効率よくケージ内を温める遠赤外線上部ヒーターの「暖突」(レップジャパン)。07_ 4つのサイズから選べるフィルムヒーターの「ピタリ適温プラス」シリーズ(レップジャパン)。08_ 幼体の管理例。ガラスケージの上部にヒーターを取りつけ、全体を保温している(東邸 P.66 参照)。

■ 幼体の飼育方法

水場でも陸場でも多くの時間を過ごすハコガメの飼育では、水をメインにした「水飼い」と土をメインにした「土飼い」に分けられる。ベビーから甲長8cm程度の仔ガメまでは、水飼いで管理し、その後土飼いに移行するのが一般的だ。

幼体の飼育では適度なサイズのケースに、甲高の半分程度に水を張り、プレートヒーターをケースの下に敷いて管理する。水は水道水で問題ないが、水中に少量の水苔を入れると隠れ場所ができて安心する。照明はバスキング*用のスポットライトなどを当て、水温を28～30℃で維持するのが理想。ベビーのうちは少しの段差でひっくり返って、そのまま起きあがれずに溺死してしまうことがあるので、なるべく段差は作らないほうがよいだろう。

また、幼体を複数で飼育すると、他個体の甲羅の縁や尾などを噛みちぎることがあるので、単独で管理したほうが安心だ。複数個体を飼育する場合は、大きなガラスケージにヒーターを入れ、小分けのケースを並べると適度な湿度も維持されて管理しやすい。

水換えはこまめに行うが、新しい水の水温を合わせることが大切になる。この際、甲羅の汚れやヌメリをやわらかいブラシやスポンジを使って洗い落とそう。

エサは毎日、小さな粒状の人工餌料を少しずつばらまいて与えるのが基本。食べない場合は、ミルワームやコオロギなどの生き餌や牛ハツなどの肉類を小さく刻んでピンセットで細かく動かしながら与えてみるとよい。

＊**バスキング**……可視光線や紫外線を浴びる日光浴のこと。専用ライトを使用すれば同じ効果が得られ保温効果もある

lesson 02

室内で飼育する方法

01

02

01_ 幅約 90cm のタライを利用したガルフコーストハコガメの飼育例。水場に使用したトレーの縁に人工芝と園芸用の鉢底ネットを固定して、両方を行き来しやすいようにしている。02_ 衣装ケースを使ったトウブハコガメの飼育パターン。床材にヤシガラを使用

成長したら土飼いに

生後２～３年、甲長８cm 以上のサイズになったら、陸場を作る飼育環境に切り替える。大きめの飼育ケースに水を張り、レンガなどで陸を作るだけでも飼育は可能だが、腐葉土などを利用した「土飼い」のほうが、より自然な環境に近く、生体も落ち着きやすいのでおすすめだ。水槽や爬虫類用のガラスケージであれば、幅 90cm 程度のものを用意したい。そのほか、衣装ケースやタライ、トロ舟なども利用できるが、脱走しない十分な高さが必要。容器の縁に爪がひっかかるだけでも外に出てしまうことがあるので、心配な場合は金網などでフタをするとよい。

床材は腐葉土のほか、ヤシガラ土や黒土、赤玉土などが使われ、それらをブレンドして使用する人もいる。生体が穴を掘って潜り込めるやわらかい土が理想。分量は甲高の半分から全体が潜れるくらいに敷き詰め、全体を水で湿らせる。手で触ったときにある程度の湿り気を感じる程度でよい。乾燥した環境は好まないので、適度に霧吹きをして常に軽く湿った状態を維持しよう。

水場はトレーなどの別容器を使ってケージ内に配置するが、なるべく段差ができないようにする。水は飲み水にもなるので、温度を合わせた水をこまめに換えるようにしたい。

ちなみに、ハコガメの仲間は半陸棲のカメだが、陸棲傾向が強い種類と、水場を好む種類とに分けることができる。

陸棲傾向が強いタイプ

・アメリカハコガメ属のすべて

・アジアハコガメ属（セマルハコガメ、ヒラセガメ、モエギハコガメなど）

水棲傾向が強いタイプ

・アジアハコガメ属（マレーハコガメ、コガネハ

03

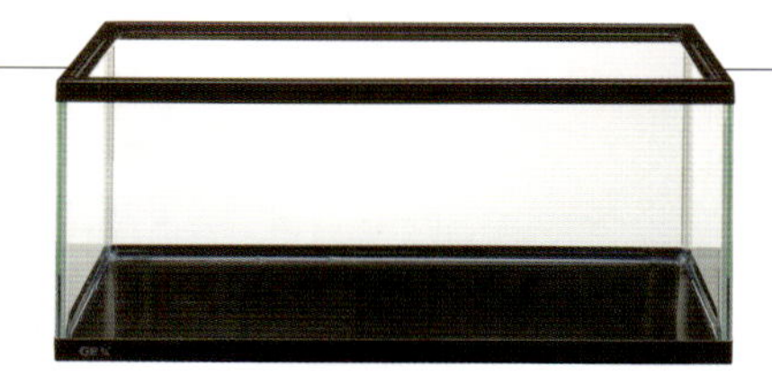

04

05

06

03_ ハコガメの飼育が可能な幅90cmのガラスケージ。密閉性が高いため、温度や湿度の管理がしやすい。「グラステラリウム9045」（ジェックス）。**04_** 高さの低いタイプの水槽はハコガメ飼育に使いやすい「マリーナ60cm水槽LOW」（ジェックス）。**05_** 紫外線を照射する「ナチュラルライト」と「レプタイルUVB100」、照射効率をアップする「ライトドーム」（いずれもジェックス）。**06_** 保湿性に優れた、粒のサイズがちょうどよいヤシガラマット「テラリウムハスク」（ジェックス）

07

08

07_ ミツユビハコガメ、若い個体の土飼い。**08_** ガルフコーストの若い個体。十分なスペースがあれば複数飼育も可能（いずれも和象亀邸 P.84 参照）

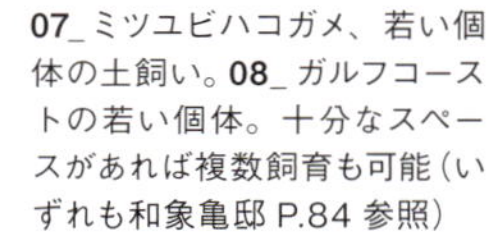

コガメ、マコードハコガメ、ミスジハコガメなど）

水場を好む種類では、陸地の面積と同等以上の水場を作り、甲高と同じか2倍程度の水深が必要になる。陸棲傾向が強い種類は陸場をメインにして、90cm水槽なら底面積の3分の1程度を水場にする。甲高の半分程度が浸かる水深が必要だ。

レイアウトはシンプルに

温度は25～30℃をキープする。部屋のエアコンなどで温度管理ができない場合は、専用のヒーターを利用しよう。照明はバスキングできるスポットタイプの保温球と紫外線ライト*1を使用するとよい。バスキング用のスポットライトを使用する場合は、ライトが当たらない逃げ場所を作っておく必要がある。

また、紫外線ライトを使用しない場合は、晴天の暖かい日に外で1時間程度、日光浴させるとよいだろう。ただし、真夏の直射日光は強すぎるので注意し、日陰になる部分を作っておくようにする。

なお、ハコガメの仲間は空間認識力に優れているため、小さすぎるケージやレイアウトが頻繁に変わるような環境では、ストレスでエサ食いが悪くなることがある。できるだけ余裕のあるスペースを確保し、なおかつシンプルなレイアウトを心がけるとよい。一度慣れてしまえば飼い主の顔を認識し、給餌の際に寄ってくるようになる。エサは2～3日に1回、人工餌料をベースに、果実や昆虫などもバランスよく与えるようにしたい*2。

*1 **紫外線ライト**……紫外線（UV）を発生するライト。昼行性の生体が健康を維持するのに必要になる
*2 ハコガメの食性は雑食。動物性・植物性どちらのエサも食べる

lesson 03

屋外で飼育する方法

01

02

03

01_ 庭に作られたハコガメ専用の飼育場。全体をフェンスで囲い、あぜ板で区画を分けている。**02_** トロ舟を土に埋めて水場を作る。**03_** ラックで影を作るほか、コルクのシェルターも用意（すべて東邸、P.66 参照）.66）

自然に近い屋外飼育

ハコガメを立派に育てるには、屋外飼育に勝るものはない。太陽の光を受け、自然に近い広々としたスペースを活発に動き回ることができるからだ。日本の住宅事情ではできる人は限られるかもしれないが、可能なら屋外での飼育を試してほしい。庭のほかベランダやテラス、屋上で飼育している愛好家も多い。

飼育する場所としては、南向きで日当たりのよい場所がベスト。それが無理な場合でも1日数時間は日光が当たる場所で育てたい。幼体は基本的に室内で育てるが、8～10cm程度に成長した個体なら屋外の気温差にも耐えられるようになる。室内飼育でも少しずつ温度差を作り、個体を慣らしてから暖かな初夏ぐらいに屋外デビューさせるとよいだろう。

容器を使った屋外飼育

ベランダやテラスで容器を使って飼育する場合は、丈夫な容器を使用すること。衣装ケースなどの耐候性の低い薄いプラスチック製の容器では、日ざしが当たると劣化して壊れることがある。タライやトロ舟などを利用し、陸地と水場を作るとよい。できれば潜れるくらいの量の床材を入れ、別容器を使って、甲高の半分以上が浸かれる水場を用意する。また、ケース内にシェルターを入れるか、容器の半分くらいにフタをして、日陰を作ってやることも大切だ。さらに、脱走には注意が必要。ベランダ飼育の場合は思わぬところから落下して負傷するケースも考えられる。

庭に作るハコガメ飼育場

庭の土地を使って飼育する場合は、スペースを囲う必要がある。よく使われるのが田んぼで利用されるあぜ板だ。容易につなぎ合わせることができ、高さの種類も豊富で、土に深く埋め込めば丈夫な囲いになる。このほか、

04

05

06

09

07

08

04_ 木陰を利用した飼育スペース。冬期は麻袋に隠れて越冬する（和象亀邸、P.84参照）。05_06_ カメ飼育専用の大型容器を用いた飼育例。水棲傾向が強いミスジハコガメを育成中(ありんこくらぶ邸､P.76 参照)。07_ 厚手の板をシェルターとして利用。このなかでフロリダハコガメを冬眠させる（ありんこくらぶ邸）。08_ シェルター部分に腐葉土と落ち葉を詰めて冬眠させる（東邸）。09_ 成体のエサとして利用できる「カメプロス」シリーズ、大スティックタイプ（キョーリン）。栄養強化の「プレミアム」のほか、低タンパク・低脂肪の「ヘルスケア」もある

コンクリートブロックやフェンスを利用して区分けを行うことも可能だ。また、カラスやアライグマ、イタチなどの被害を避けるためには、ネットや金網などで全体をカバーすると安心だ。各区画には水場を用意し、シェルターで影になる部分を作る。適度に水やりをして常に土を湿らせておくとよい。

成体の複数飼育

広いスペースと隠れ場所いくつかあれば、成体の複数飼育も可能だ。メス同士は比較的温和で問題ないが、オス同士は争うことがある。とくに繁殖シーズンはオスの同居は避けたほうが無難だ。

冬眠させる場合

ハコガメの多くは日本の気候に順応し、一部熱帯産の種類を除いて、冬眠させられる。

屋外で冬眠可能な種

・アメリカハコガメ属（トウブハコガメ、フロリダハコガメ、ミツユビハコガメ、ガルフコーストハコガメ、キタニシキハコガメ）
・アジアハコガメ属（セマルハコガメ、コガネハコガメなど）

それでも屋外の越冬は、日本でも関東以南の温暖な地域に限る。北海道や東北、北陸など、冬の積雪が長く続くような地域での屋外越冬は危険なため、通年室内で飼育するのが好ましい。また、冬眠させる場合、秋までに人工餌料のほか、栄養価の高い生き餌なども与えて体力をつけさせておくとよいだろう。

気温が低下してくると食欲が落ちて、徐々に食べ残しが多くなる。その後、行動が鈍くなってきた時点で給餌を止めて冬眠の準備を行う。甲高の2倍程度の厚さで腐葉土を追加したり、落ち葉を積んでおいたりすると、そこに潜っていく。とくに冬は乾燥しやすいので、土や落ち葉に水をかけて湿らせておくとよい。気温が上がる3～4月に冬眠を終えて起きはじめる。

lesson 03

繁殖にチャレンジ

01

02

03

01_メキシコハコガメの交尾シーン。02_ユカタンハコガメの交尾。03_ヒラセガメの交尾。ほとんどの場合、オスがメスを追い回して交尾にいたる。相性の良し悪しを見極めたい

時間をかけて育てた個体を親にする

ハコガメがうまく育成できるようになったら、繁殖にチャレンジしてみたくなる。どんな種類でもそうだが、繁殖は飼育における最大の醍醐味だ。ペアの活動や産卵の様子を観察したり、フ化する様子を目の当たりにするだけで感動的だ。

ただ、雌雄が揃えば簡単に殖やせるわけではない。養殖が進む一部のヤモリやヘビなどとは異なり、性成熟するまでには時間がかかるうえ、相性が悪く交尾がうまく運ばないケースもよくある。

繁殖を行う場合、丈夫な親個体を選ぶ必要がある。自然下では立派な個体に成長するまでに10年くらいの年月を要するといわれている。飼育下ではそのスピードは早まるとはいえ、生後7～8年くらいの個体を親に選ぶとよいだろう。生後4年くらいでも、個体によって交尾は可能だが、とくにメスは十分に成長していないと産卵による負担が大きく、その後、安定した繁殖活動ができなくなる可能性がある。親のサイズは、トウブハコガメやフロリダハコガメなどで甲長が13cm以上、ガルフコーストハコガメやセマルハコガメでは15cm以上、ミツユビハコガメやニシキハコガメでは11cm以上がおおよその目安となる。また、アメリカハコガメ属は異なる亜種同士で交配することがあるので、複数飼育でも種類ごとに分けて飼うことが重要だ。

雌雄を見分けるポイント

ハコガメも他のカメと同様、普段は外部生殖器が見えないため雌雄判別は難しい。オスの生殖器は尾の内部におさめられているため、オスの尾はメスに比べて太くて長い傾向がある。またオスの腹甲は、交尾の際、メスの背に乗りやすいよう少し窪んでいる個体が多い。さらに、アメリカハコガメ属ではメスよりもオスのほうが色彩が鮮やかになる傾向があり、眼の虹彩は赤くなる個体が多い。

ペアリングとクーリング

交尾のシーズンは冬眠明けの春と、気温が下がる秋口。冬眠明けでエサを食べはじめ、

04　　05

06

07

04_ メスの腹部を触って抱卵を確認することができる。甲羅に挟まれないよう、後肢を外部に出してホールドする。**05_** 後肢を固定した状態で、両手の人差し指で腹部を触ると卵の有無やサイズが確認できる。**06_** ミツユビハコガメの産卵。卵は上下が回転しないようにていねいに取り出す。**05_** セマルハコガメの卵。水苔を入れたタッパーに並べてフ化器で管理する

活発に動き回るようになったオスをメスのケージに入れるのがペアリングの一般的な方法だ。ほとんどの場合オスがメスに対してアプローチを仕掛けるが、はじめはメスが嫌がるケースが多く、逃げようとする。それでもオスが追いかけ、メスの上に覆い被さり、首もとや項甲板部分に噛みつく。これを何度か繰り返し、メスが動きを止めたところで交尾行動がはじまる。オスは後肢でメスの後肢を挟み込み、仰向けになるような形で交尾する。メスがなかなか受け入れなかったり、噛みつかれて首もとが腫れたりした場合は、一度引き離して様子をみたほうがよい。

また、冬眠させなくても繁殖を誘発させるにはクーリング*が必要だ。おもに亜熱帯や熱帯性の種類に有効。秋までに十分にエサを与え、11月頃から徐々に温度を下げ、冬期は18～20℃程度に下げて管理する。その間エサは与えず3月頃から徐々に温度を上げて、通常の飼育環境に戻すと、繁殖行動を誘発することができる。

■ 産卵からフ化まで

交尾が確認できたら、産卵床を事前に用意しておくとよい。カメが活動する十分なサイズの容器に軽く湿らせた土を20～30cm程度と厚めに敷いておく。交尾から産卵まではだいたい2～3ヵ月ほどかかり、おもに6～8月が産卵時期になる。メスの後肢の根元あたりから指を入れて腹部を触り、十分なサイズの卵が確認できたら、産卵床にメスを収容して

＊**クーリング**……冬眠とは異なり、室内で人為的に一定期間低温の状態を保ち、擬似的に冬を体験させること。温度を戻した後に繁殖行動が誘発される。

08_ 卵の殻を破って出てきたセマルハコガメのベビー。**09**_ 生まれたての仔ガメには、腹部にヨークサックがついているが、数日で体内に吸収される。**10**_ フロリダハコガメのフ化。**11**_ メキシコハコガメのフ化。フロリダハコガメに比べると、卵や幼体のサイズが大きい。

産卵を促す。もちろん、飼育場の好きな場所に卵を産ませてもよい。メスは気に入った場所に後肢で土を掘ってそこに卵を産んでいく。卵の数は種類や親の大きさになどによって異なるが2～8個、シーズンに1～3クラッチ*ほど。

掘り出した卵は、湿らせた水苔を入れたタッパー（フタに通気の穴をあけたもの）に入れてフ化器で管理。カメの卵は上下が回転しないように注意しなければならない。上下を動かしてしまうと、胚が卵黄に圧迫されてフ化できなくなる恐れがあるためだ。卵は慎重に掘り出し、上部にペンや鉛筆などで印や日付けを書いて、卵が回転しないように保管容器に並べよう。フ化器の設定は28～30℃。TSD（温度による性決定）では、28℃以下だとオス、30℃以上だとメスになり、ちょうど29℃で管理すれば、オスとメスが半分になるといわれている。

順調に卵が成長すれば、産卵から45～60日程度でフ化する。仔ガメは嘴(くちばし)にある突起を使って殻を破り、ゆっくりと外に出てくるが、なかなか殻が破れず出てこられない仔がいたら、殻をそっと剥いであげるとよいだろう。生まれたばかりの仔ガメの腹部にはヨークサック（卵黄嚢）がついているが、数日後には吸収されて腹甲のなかに収まる。

生まれたての幼体の管理

生まれたばかりの幼体は、小型ケースに移し、十分に湿らせた水苔のなかで管理する。1週間ほどしたら浅く水を張った容器に入れ、細かく砕いた人工餌料を与えてみる。反応したらそのまま継続し、食べない場合は、小型のコオロギや生肉などを与えてみるとよい。

とくに幼体は体温調節がうまくできないので、温度管理に気を遣う。水温・気温ともに28～30℃をキープする。泳ぎがうまくないので、水深は甲高と同じ程度までにしておく。

＊**クラッチ**……シーズンにおける産卵回数の単位。ハコガメは一度の交尾で複数回産卵することが多い。

lesson 05

珍獣ドクター田向先生に聞く

飼育の心構えとよくあるトラブル

田向健一

田園調布動物病院院長。愛知県出身。麻布大学獣医学科卒。爬虫類・両生類の医療実績が豊富で、独自の手術や治療法を編み出してきた。エキゾチックアニマルの医療向上をめざし、学会や各種イベントなどで講演も行う。

ハコガメは陸地と水中の両方で暮らす動物です。こうした水辺に生きる生物は、環境破壊のダメージを最も受けやすく、真っ先に数を減らしてしまいます。現在では、アメリカハコガメやアジアハコガメはサイテスに記載され、希少な動物になってしまいました。しかし、多くの愛好家の手によってブリードが行われ、C.B. 個体が出回ることで、希少なカメにふれ合う機会が増えています。これはとても歓迎すべきことです。

飼育者はまず、その希少な価値を理解するとともに、飼育下で 30 ～ 40 年の寿命があることを念頭におく必要があります。安価な種類ではないため、衝動買いをする人は少ないでしょうが、長期にわたって健康的に飼育するためには、ハコガメの特性を理解し、育成についても最低限の知識を身につけてから飼いはじめてほしいと思います。

飼育は慣れてしまえば、それほど難しくないのかもしれませんが、誰もが簡単に飼える種類ではありません。とくにハコガメの幼体の管理はひと癖あり、ちょっとした環境の変化などでエサ食いが悪くなることがあります。なかでも温度管理が重要な要素になります。カメ全体のトラブルとして多いのがヒーターの故障です。おもに冬期、ヒーターが壊れてしまったら、ハコガメの幼体はひとたまりもありません。こまめに観察することと、ヒーターのストックを用意しておいたり、二重装備で管理したり、もしものときの対策を講じておくとよいでしょう。

また、ハコガメは雑食性であることから、エサの均一化にも注意が必要です。市販の人工餌料も進化していますが、犬猫の分野に比べれば発展途上といえます。人工餌料を基本にしながら、ミルワームやコオロギなどの昆虫類のほか、バナナやリンゴなどの果物も織り交ぜて、多様な栄養素を与えるように心がけてください。

そのほか、落下による甲羅の破損や、アライグマなどによる害獣の被害、異物摂取や卵詰まり、栄養不足による諸症状、感染症によるさまざまな症状、寄生虫による弊害など、カメにまつわる病気やトラブルは多岐に及びます。次ページに代表的な事例をまとめたので、参考にしてください。

代表的な病気やケガ（ハコガメにも共通するカメ全般の病気やケガ）

甲羅の感染症（シャルロット） photo_01
症状……甲羅の表面にできる潰瘍。窪みやクレーターのような穴が開いたり、甲羅の継ぎ目が変色したりする。原因……甲羅の破損と細菌感染。免疫力の低下。治療……腐食した組織を除去して消毒。予防……飼育環境を清潔にして安全性を高める。バランスのよい給餌と甲羅干し。

皮膚炎 photo_02
症状……皮膚の一部がただれたように白くなる。原因……真菌の感染（水カビ病）。細菌の感染、免疫力の低下など。治療……抗真菌剤や抗生物質の投与、皮膚の消毒。予防……水換えを頻繁に行い、衛生的な管理を行う。

口内炎 photo_03
症状……食欲不振、よだれ、閉口障害など。原因……口内のケガ、細菌や真菌、ウィルスの感染など。治療……抗生物質やビタミン剤の投与。予防……水温を高めに設定する。飼育環境を清潔に保つ。

鼻炎 photo_04
症状……透明な鼻水を出す。症状が進行すると、鼻水や膿などで鼻孔が塞がってしまうことも。原因……細菌や真菌、ウィルスの感染など。免疫力の低下。治療……鼻腔洗浄。抗生物質の投与。予防……飼育環境を清潔に保つ。適切な水温・気温の維持。

肺炎 photo_05
症状……初期では軽度の開口呼吸と呼吸音。重度になると苦しそうに口を開けて大きく呼吸する。原因……免疫力低下によって生じる常在菌の感染。治療……抗菌薬の投与。ネブライジング。予防……保温管理の見直し。

中耳炎 photo_06
症状……鼓膜の腫れ。悪化すると食欲低下や元気消失。原因……口腔内からの細菌の侵入、ビタミンAの欠乏など。治療……抗生剤の投与。外科手術。予防……水質の改善。飼育環境を清潔に保つ。

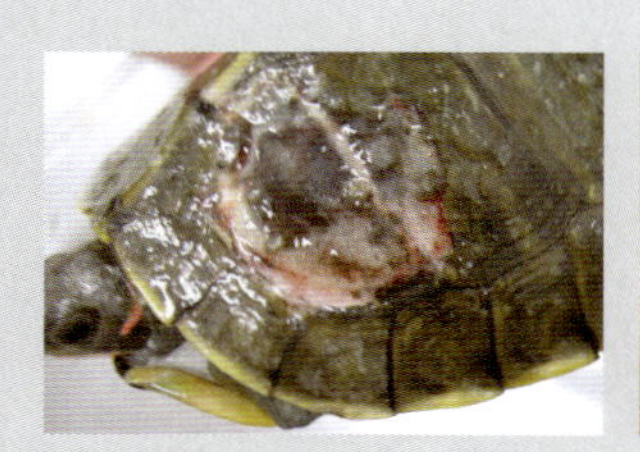
01_ 卵シェルロットのセタカガメ

02_ 真菌性皮膚炎のクサガメ

03_ 口内炎（舌炎）のヒョウモンガメ

04_ 鼻炎で鼻水を出しているホシガメ

05_ 肺炎で開口呼吸をしているギリシャリクガメ

06_ 中耳炎のアカミミガメ

角膜炎 photo_07

症状……涙目、眼が白く濁る、まぶたが腫れる、眼が開かないなど。原因……水質の悪化などによる細菌感染。治療……点眼。予防……水質の改善。飼育環境を清潔に保つ。

ビタミンA欠乏症(ハーダー氏腺炎) photo_08

症状……まぶたが腫れる、眼が開かない、食欲不振など。原因……ビタミンAの不足。治療防……ビタミンAの投与。予防……できるだけいろいろな種類のエサを与える。

代謝性骨疾患(MBD) photo_09

症状……甲羅の軟化や変形。うまく歩けなくなる。原因……カルシウム、リンなど骨や甲羅を形成するミネラルの過不足や、ビタミンD、紫外線などのカルシウム吸収に関わる要素の欠如。治療……カルシウムやビタミンDの投与。予防……カルシウムを多く含むエサを与え、日光浴をさせる。

腎不全

症状……甲羅や骨の軟化、食欲低下、体重減少など。原因……おもに脱水、動物性タンパク質の過剰摂取。治療……点滴、強制給餌など。予防……飼育水を清潔に保つ。栄養バランスの取れた給餌。

総排泄腔脱・脱肛 photo_10

症状……総排泄孔や直腸部分が外部に脱出し赤く腫れる。原因……胃腸炎や下痢、尿結石、栄養不足など。治療……縫合手術。浮腫や外傷がある場合は切除。

卵詰まり photo_11

症状……食欲不振や元気消失。原因……産卵前の環境変化やストレス、産卵場所がないなど。治療……ホルモン剤の投与。開腹手術。予防……適切な産卵場所を用意する。

甲羅の破損 photo_12

症状……甲羅の損傷。内臓の損傷。原因……高所からの落下。治療……抗生剤や鎮痛剤の投与。破損部分の修復手術。予防……ベランダなどで飼育する場合、容器から脱走しないように工夫する。

消化器寄生虫 photo_13

症状……下痢や脱水、体重減少、食欲不振など。原因……原虫や線虫といった寄生虫が消化器内で増殖している。治療……検便検査をして必要に応じて駆虫剤の投与。予防……発生が確認された個体を隔離。

07_ 角膜炎のホシガメ

08_ ビタミンA欠乏症のアカミミガメ

09_ 代謝性骨疾患のアカミミガメ

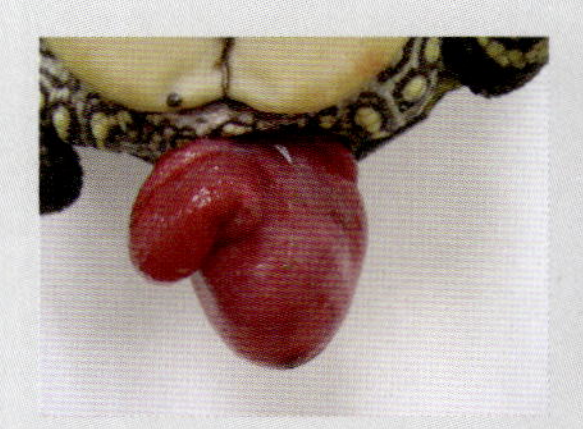

10_ 総排泄腔脱のアカミミガメ

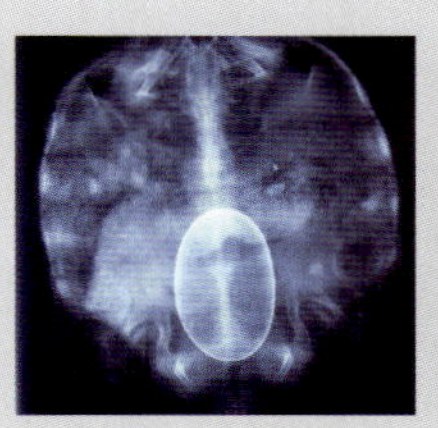

11_ 卵詰まりのレントゲン写真

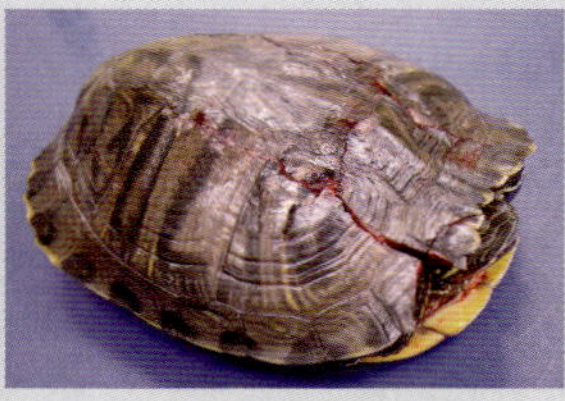

12_ 落下して甲羅が破損したアカミミガメ

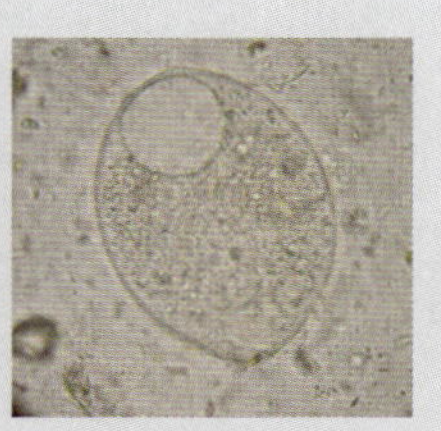

13_ 糞便検査で見られたバランチジウム(原虫)

Part 4

愛好家レポート

カメを大切に飼うことは大前提として、その飼育方法は千差万別。ハコガメの種類や成長サイズ、飼育する場所、季節、飼育者の世話の方法や考え方などによって、スタイルは自ずとオリジナル性を帯びていく。ここに登場する愛好家の飼育法を参考に、最適な自分のやり方を見つけ出そう。

01

boxturtle enthusiasts 01

充実のろ過システムを備えて 愛らしいフロリダハコガメを飼う。

東京都 GAKU さん

02

01_ おもに2歳の若い個体を飼育している「水飼い」システム。簡易的な流し台をケージに使用し、それぞれに強力なろ過能力をもつ、オリジナルのフィルターを設置。
02_ 陸地と水場を行き来するフロリダハコガメ

東京都心のマンションで暮らすGAKUさんは、独自のシステムでハコガメを飼育している。日当たりのよい広いテラスには、果樹や雑木の大鉢が並び、緑豊かな一角にハコガメの飼育スペースがある。

「いかにもカメを飼っています、というような雰囲気にしたくなかったんです」というGAKUさん。専用の飼育用品だけでなく、いろんな資材を工夫して取り入れ、機能的で見た目にも美しいオリジナルのシステムを作り

03 04 05 06 07 08

09

03_04_ 水飼いで育成している若い個体。きれいな形に甲羅が盛り上がってきている。黄色のラインが太いものや黒勝ちのものなど、柄は個体差が楽しめる。05_ 木々の陰になる場所にケージを設置。カラスの被害を受けないよう、常時網でフタをしている。06_ 各容器に設置されたろ過槽。07_ フィルターのなかはウールマットの下にドライボールを。08_ ドライボールの下の層にウェットのリングろ材を導入。09_ 冬は水温を15℃に設定し、フタをして保温している

あげた。容器は簡易的な流し台として市販されている製品で、幅40×奥行き70×高さ21cm（内寸）。これを6つ並べ、それぞれに強制ろ過のフィルターを設置している。水中ポンプを使い、ウエット＆ドライ方式のフィルターをで水を循環させることで、水質の悪化を防いでいる。このろ過層もGAKUさんの手作りで、手間をかけずに清潔な環境を維持するためのアイディアのひとつだ。日常の管理は給餌（人工餌料）だけで、給排水も全自動。水換えは季節ごとで、その際に容器のコケ取りなどを行っている。

容器のなかはハコガメの体全体が浸かるほどの水を張り、特製の陸地を設置したいわゆ

10

13

14

11

12

15

16

17

10_1歳の幼体は室内で個別に管理。温度を28℃程度に維持して飼育している。**11**_３歳以上になったら土飼い用のケージに収容。**12**_冬はワラを入れ、ここで休眠させる。**13**_アジアハコガメ属のヒラセガメも２匹飼育中。**14**_キボシイシガメの飼育スペース。**15**_室内で飼育されているパンケーキガメ。**16**_ホウシャガメも２匹飼育。**16**_リクガメの飼育ケージ。最高の環境を整えるとともに、美しい飼育スタイルを実践している

る「水飼い」だ。アメハコのなかでも水を好むフロリダハコガメに適した飼育法だが、おもに２歳までの個体を水飼いし、３歳になったら土飼いに移行する。外置きの大きなタンクに腐葉土や黒土を入れ、こちらでもろ過槽を設置した水場を作っているのがポイントだ。

また、１歳の幼体も複数飼育しているが、こちらは室内で年間を通して28～30℃を維持しながら飼育している。

かつてはアクアリストだっというGAKUさん。以前は３m水槽でアフリカンシクリッドの混泳を楽しんでいたが、水質管理や効率的な設備の組み方など、そのときのノウハウが今のカメ飼育に生きているといってよい。

現在、GAKUさんは16匹ものフロリダハコガメを飼育中。このほかヒラセガメやキボシイシガメ、ホウシャガメ、パンケーキガメを育成している。フロリダハコガメは、こんもりとした甲羅と、愛らしい表情やしぐさ、さらにバリエーションのある模様に惹かれているという。今後は美しい個体の作出をめざして、繁殖にもチャレンジしていく予定だ。

boxturtle enthusiasts 02

庭に作った専用スペースでハコガメたちがのびのび暮らす。

埼玉県 東（ひがし）さん

5年ほど前、SNSで見かけたトウブハコガメの鮮やかな色彩に魅了されたという東さん。その後ハコガメについていろいろ調べ、成長の過程が長く楽しめるペットとしての魅力を知り、トウブハコガメのペアを購入した。

「トウブハコガメでは幼体のときに地味だった個体が、成長とともに色彩や模様が派手になっていくことがあり、毎日の観察が楽しめます。ペアで飼育すれば、数年後には繁殖に挑戦することができ、一生楽しむことができるペットです」と、東さんは話す。

飼育に夢中になると、自然とカメ仲間が増えていくとともに、飼育するカメの種類や数も増えていくものだ。現在、アダルトサイズのトウブハコガメを複数所有するほか、ミツユビハコガメやガルフコーストハコガメ、セ

01

02

01_ 水分を含む土の上を自由に歩き回るトウブハコガメ。02_ 毎日の観察が楽しいと話す東さん。03_ 庭に設置したハコガメ専用のケージ。04_ 陸地と水場を自由に行き来できる、理想的な広々とした空間。05_ 一番はじめに入手したトウブハコガメのペア。06_ 中国産のセマルハコガメ。07_ 丸い甲羅が愛らしいミツユビハコガメもペアで飼育

マルハコガメ、ヒラセガメといったハコガメの仲間を飼育している。そのほか、キボシイシガメやプラテミス、ミスジドロガメ、ハナナガドロガメなど、多様なカメを育てている。

その飼育スタイルは、カメ飼育者の多くが憧れる庭を利用した屋外飼育だ。庭に3.5×2mのケージを建て、幅40cmのあぜ板を埋めて仕切りを作っている。水場はトロ舟を土に埋めたもので、ホテイアオイなどの浮き草を入れ、メダカも泳がせている。トウブハコガメやミツユビハコガメ、セマルハコガメなどが自由に動き回っているのが印象的だ。また、ケージの奥にはシルバーラックが設置され、隠れ場所になるシェルタースペースを確保。日ざしの強いときや落ち着きたいときにハコガメが入り込む場所だ。強い日ざしが照

03

04

05

06

07

りつける夏場は、天井全体に60～80%の遮光ネットを取りつけ、日よけを行っている。

冬期は屋外で飼育しているアダルト個体は冬眠させる。シェルター部分となるラックの下に腐葉土を入れ、さらに落ち葉を集めて冬眠させるスペースを作っているという。一方ベビーから若い個体は室内で管理。大型のガラスケージに「暖突」を取りつけ、そのなかに小型ケースを並べて単独飼育を行い、温度は30℃を維持している。

現在、東さんはトウブハコガメの繁殖もはじめている。発色の美しいオレンジ色の個体を親に選別しており、よい血統の個体を殖やすことをめざしている。卵は湿らせた水苔に入れて温度管理し、約60日でフ化する。幼体の管理はやや難しく、拒食になる個体もあり、餌づけに苦労することがあるという。

よりよい環境で飼育し、試行錯誤を繰り返しながら、有名ブリーダーへの道を着実に歩みはじめている。

08_ブラックタイプのガルフコーストハコガメ。09_イエロータイプのガルフコースト、1歳。10_頭部と前肢に鮮明なオレンジ色の柄が入り、甲羅は鮮やか虫食い模様が入るオス個体。11_甲羅がきれいなトウブのスタンダードタイプ。オス。12_アジアハコガメのヒラセガメも育成中。13_トウブハコガメの卵は湿らせた水苔のなかに置いて保温管理し、約2カ月でフ化する。14_トウブハコガメの幼体の管理。小型のカメ専用飼育ケースに水を張り、水苔を入れている

15

16

17

18

19

20

21

22

23

24

15_冬期の屋外飼育。ラック下のシェルター部分に腐葉土を詰め、枯れ葉を入れる。11月下旬くらいから冬眠をはじめる。**16**_幼体は室内で管理を。冬はガラスケージのなかに小型ケースを並べて、上部からヒーターで温める。**17**_屋外飼育のラックの下はよい隠れ場所に。シェルターとしてコルクも置いている。**18**_トロ舟に張った水に浸かるチュウゴクセマルハコガメ。**19**_カメ以外の爬虫類も育てている飼育専用ルーム。**20**_ビカクシダやグラキリスなどのビザールプランツも育成中。**21**_プラテミスと呼ばれるズアカヒラタヘビクビガメ。**22**_ミスジドロガメ。**23**_ペアで飼育しているキタアオジタトカゲ。**24**_ニシアフリカトカゲモドキのズールー

01

boxturtle enthusiasts 03

昼と夜で環境を変えて。ニシキハコガメをていねいに飼う。

東京都 D-LIFEさん

かつて、アジアアロワナやダトニオ、マンファリなどの大型魚を長年飼育してきたD-LIFEさん。そのほか、オオクワガタの繁殖をしていた時期もあるというが、5年ほど前からイシガメを飼育したことをきっかけに、カメへの情熱が徐々にわき上がってきた。

「イシガメの次は水棲でないカメを飼いたいとなったときに、リクガメだと大型になる種類が多いことや、植物食の食性に物足りなさを感じてニシキハコガメを選びました」とD-LIFEさんは語る。飼育上のモットーは、他の生き物と同様、子どものうちからしっかり育て上げることだ。情報を収集したうえで、適切な飼育環境を整えて、丈夫に美しく育成させることを第一に考えている。

現在飼育しているニシキハコガメは5匹。

02

01_2023年生まれのキタニシキハコガメ（メス2匹）。夜間は土を入れた大きめのプラケースに収容している。02_カメ飼育専用のケースに水を張った「水飼い」。昼間はこの状態で活動させる。03_04_ミナミニシキハコガメの幼体。こちらも昼と夜で環境を変え、幼体でも土に触れさせるようにしている。05_土のケースに移したら、しばらくすると土のなかに潜っていく。06_数々の生き物を飼育してきたD-LIFEさん。ニシキハコガメとの長いつき合いをスタートさせた

05

03

04

06

2023年生まれのキタニシキハコガメが2匹、2024年生まれのミナミニシキハコガメが2匹、キタニシキハコガメが1匹と、いずれも若く、幼い個体を飼育している。キタは甲羅のラインが太く明瞭に表出されていて、ミナミは細かな柄が入る美しい個体をセレクトしている。23年生まれのキタはどちらもメスだが、24年生まれのキタはTSD（フ化温度による性決定）でオス、ミナミの2匹はTSDでオスとメスになる個体を入手した。将来の繁殖を見据えて個体を選んでいるのだ。

「ニシキハコガメの魅力は、ハコガメのなかでも小型で飼いやすく、丸い甲羅に入る模様に個体差があることです。さらに人にもよく慣れてかわいらしいです」。エサに寄ってくる表情や、泳ぐ仕草、土に潜る仕草など、見る

07_08_ はじめに入手したキタニシキハコガメの C.B. メス２匹。コントラストがはっきりした甲羅の柄が際立つ。**09_**2024 年６月にフ化したミナミニシキハコガメ。TSD によるオス個体。**10_** 背甲にはっきりとした細かな斑点模様が表現されているミナミニシキハコガメ。2024 年８月生まれ、TSD によるメス個体。**11_** 甲羅模様が明瞭なキタニシキハコガメの幼体で、確かな血統に基づく優良個体。2024 年８月生まれ TSD によるオス

ほどに愛らしさが増してくる。

ハコガメの飼育では、幼体のうちは「水飼い」で、成長したら「土飼い」に移行するのが一般的だが、D-LIFE さんの場合は、小さいころから土に触れさせる飼育法をとっている。

カメ専用のプラケースを利用して、昼間は水、夜は土というように毎日環境を変えて育成しているのが特徴だ。ニシキハコガメは土を掘って潜るのを好む傾向があるため、小さなうちから土に触れさせておくことも重要だと考えている。

土は黒土と天然樹皮、赤玉土をブレンドしたもので、程よく湿らせ、水入れも用意する。夜間は土のなかに潜って安心して眠っているようだ。また、これで甲羅のかさつきも抑えられるという。そして朝になったら水を張った別のケースに移動してエサを与える。これを毎日繰り返す。水温は 30 ～ 31℃をキープし、土飼育の場合もケースの上下からヒーターで温め、30 ～ 31℃になるようにサーモスタット

12

13

14

15

12_D-LIFEさんお手製のハンバーグにかぶりつくニシキハコガメ。13_ディスカスハンバーグをベースにさまざまな素材をブレンドしたオリジナルフード。適度なサイズに分けて冷蔵保存している。14_時折与えているカルトボーン。カルシウムやミネラルの補給に。15_ひとつのエサに偏らないよう、たくさんの素材をうまく使って与えている。16_カメ飼育のはじまりはニホンイシガメから。5年ほど前から状態よく飼育している

16

を使って設定している。

また、エサにも十分に気を遣っていて、単一のフードを与えないようにしている。市販の人工餌料でも複数をブレンドして与えるほか、ディスカスハンバーグに爬虫類専用の粉末エサや、刻んだ鶏のささみ、牛ハツなどをブレンドしたオリジナルフードも与えている。たまに、コオロギをペースト状にした人工フードやイカの甲羅を乾燥させたカルトボーンなども与え、なるべくストレスがかからない給餌を心がけている。

「まずはニシキハコガメという種の特徴をしっかり見極めることからスタートしています。状態よく飼育できるようになり、丈夫に成長した先に、次のステップとして繁殖があると考えています。今はニシキハコガメを日々観察し、個別にしっかりと飼育したい！」というD-LIFEさん。数年先のビジョンを明確にイメージしながら、一歩ずつ階段を登っている。

boxturtle enthusiasts 04

自然感あふれるヘアーサロンでハコガメを育成中。

埼玉県 山本隆博さん

一風変わった観葉植物に彩られたヘアサロン。日当たりのよい店先にはサボテンや多肉植物が並び、窓辺には注目度の高い塊根植物、壁面にはビカクシダのリドレイが飾られ、店内はおしゃれなグリーンショップか、緑豊かなカフェのような雰囲気。多彩なビザールプランツに混じって複数のハコガメも飼育されている。

「植物の育成と爬虫類の飼育は、環境を整えるという意味でかなり共通する部分があります」と話すのは、オーナーの山本隆博さんだ。植物の場合、光や温度、風通し、水やりなどが栽培のポイントになるが、カメの育成でもほぼ同じで、風通しの部分を湿度、水やりを給餌に置きかえればわかりやすい。

店では植物棚の一部がハコガメ専用のス

01_02_ フロリダハコガメ。黒勝ちの個体と黄色いラインが太い個体、個性の異なる柄が印象的。03_04_ 甲羅や頭部に柄が入るタイプのミツユビハコガメ。ペアで飼育中

05

06

05_ オーナーの山本隆博さん。本業の前と後に、植物と生き物の育成に励む。06_ 埼玉県蕨市に店舗を構える Hair Living Allone。07_ 人工フードに餌付いていて、エサを見せるだけで寄ってくる。08_ 市販の専用フードをメインで与えている。09_ 外気温を温めるヒーター。10_ 自宅ではフロリダとミツユビのベビーを管理。11_ 店で管理されている４匹のハコガメ。12_ 植物育成用のライトに照らされる塊根植物など。13_ 葉を上向きに広げるリドレイ

ペースになっていて、フロリダハコガメとミツユビハコガメが飼育されている。いずれも２歳程度の若い個体で、小型のプラスチックケースに水を張った水飼い。日中は浅めの水深、夜間は甲羅がすべて浸かるほどの深めの水深で管理している。店で飼うのは春と秋だけで、夏と冬は自宅で厳密な温度管理を行って育成しているという。店内で飼育している場合でも、ヒーターを入れて28℃以上の水温を維持し、照明には紫外線を含む蛍光灯を利用して甲羅を成長を促している。

水換えは毎朝。その際に35℃の温浴を行ってフンを出し、１～２時間ほど甲羅を乾燥させてから、新しい水を張った容器に収容する。今後は土飼いも検討するが、店の看板亀としての役割はこれからも変わることはない。

07

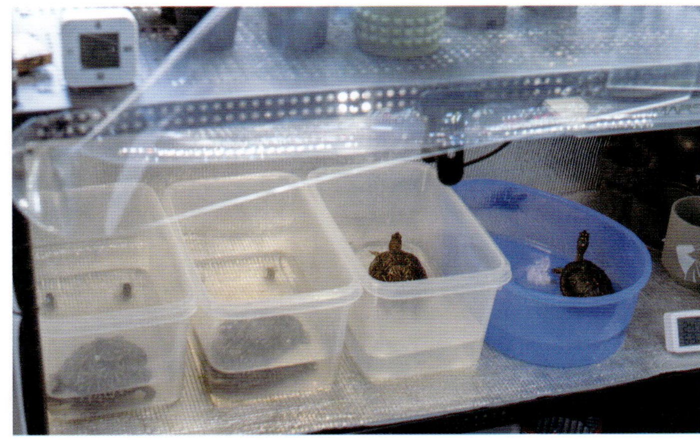

11

08

09

10

12

13

boxturtle enthusiasts 05

自宅の屋上に整備された、緑豊かなフロリダハコガメの庭。

東京都 ありんこくらぶさん

青々と茂る緑の空間に、黄色と黒色の鮮やかな色彩がよく映える。ここは都心の屋上に作られたハコガメ専用の飼育ケージのなかだ。カメの飼育キャリア30年を誇るありんこくらぶさんが手がけた、自然感あふれる飼育場で、個性あふれるフロリダハコガメが数多く飼育されている。3×3mの敷地にブロックを組み、循環ポンプ付きの池（幅1.2m、水深13cm）を設置して土を入れ、周りを柵で囲い、ブラックベリーやその他の低木を植え込んでいる。

2005年から飼いはじめたフロリダハコガメは、現在18匹を数える。アダルトサイズの個体がこの広々としたケージ内でのびのびと暮らす。

「誰にでもわかりやすい模様の美しさと、丸

04

05

06

01_ 緑豊かな専用の庭を自由に歩くフロリダハコガメ。02_ 厚めの木の板で囲われたシェルターから出てきた個体。03_ 低木が植えられ、きれいに整えられているケージ内。04_ 自宅屋上に設置されているフロリダハコガメ専用の飼育ケージ。05_ 池は外部に大型のろ過槽を設置して水を循環させている。06_ 水場を好むフロリダハコガメ。自由に泳ぐ姿も観察できる

みを帯びたフォルム、表情や仕草のかわいらしさがフロリダの魅力ですね」と、ありんこくらぶさんは話す。飼育のモットーは「カメ時間に合わせること」。人間本位でエサを無理やり食べさせたり、ペアリングさせたりすることなく、カメの本能に任せた飼育を心がけているという。

エサはカメ専用の人工餌料を基本に2日おきに与えているが、ジャイアントミルワームやコオロギなども週に1回のペースで給餌している。取材時には地面に落ちたグラックベリーの実や土中に潜むミミズを食べていた。また、ハコガメのなかでは水中を好む種類とあって、きれいな池を泳ぎまわる姿も確認できた。

冬眠は最高気温が20℃を下回る、11月ころからはじり、春、最高気温が20℃を超えるころになると休眠を終え起きはじめるという。このとき、交尾をする目的でオスのほうが早く目覚めて活動するらしい。交尾も自然に任せているが、気温の変化がある春と秋のほか、台風による気圧の変化によっても誘発されるという。

産卵は6～7月の夕方に行うことが多く、

07

08

09

10

07_ ケージ内に自然に発生したミミズを食べる。08_ ジャイアントミルワームなどもたまに与える。09_ エサの基本はペレット状の人工餌料。２日おきに給餌している。10_ ケージ内に植えられたブラックベリー。カメのエサにもなる。11_ フロリダハコガメ、W.C. のオス。頭部や四肢の柄も美しい。12_ 黄色のラインが鮮やかな C.B. 個体のメス

11

12

日当たりのよい場所で、10cm ほど土を掘って卵を産み落とす。その時期になるとメスの行動を注意深く観察し、産卵を確認した場合は翌日の朝に卵を掘り出す。有精卵は白い点状から帯状の模様が入るのでひと目でわかるというが、すべての個体が飼い込んでいて環境に慣れているため、ほとんど無精卵はないという。大型のメスだと年に３クラッチで、一度に５個の卵を産み、小型のメスだと年に２クラッチとなり、一度に２個の産卵数になる。卵は湿らせた水苔を入れたタッパー内で管理するが、TSD（フ化温度による性決定）は行わず、29.5℃に設定して雌雄どちらも発生するようにしている。

産卵後 45 ～ 50 日程度でフ化がはじまる。フロリダハコガメの卵はメキシコハコガメなどに比べると小さいので、幼体の管理はやや難しくなるという。フ化した幼体はヨークサッ

13

14

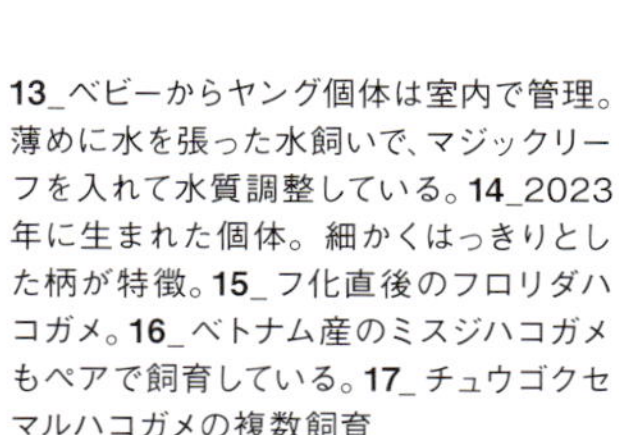

13_ベビーからヤング個体は室内で管理。薄めに水を張った水飼いで、マジックリーフを入れて水質調整している。14_2023年に生まれた個体。細かくはっきりとした柄が特徴。15_フ化直後のフロリダハコガメ。16_ベトナム産のミスジハコガメもペアで飼育している。17_チュウゴクセマルハコガメの複数飼育

クを吸収するまでに個別管理し、はじめのエサを与える。牛ハツを小さく切り、ピンセットを使って1匹ずつ給餌する。自らすすんでハツを食べるようになったら、人工餌料に切り替えるが、餌付かない場合は、ガットローディングして栄養強化したコオロギ(Sサイズ)を与える場合もあるという。

はじめてフロリダハコガメを飼う愛好家には、人工フードに餌付いている少し育ったC.B.個体をおすすめしている。W.C.由来の個体は、時差の影響で日本の環境に順応するまで3年ほどかかる印象があるという。慣れてしまえば丈夫なのだが、その手間を考えれば国内C.B.が手軽で安心だ。

ありんこくらぶさんは、これまで同様、フロリダハコガメにこだわり、質の高い丈夫な個体の作出に取り組んでいく。飼育や繁殖の情報は、個人ブログ「フロリダ流星群」にも掲載されているので、興味のある人はのぞいてみよう。

15

16

17

boxturtle enthusiasts 06

多彩な種類の飼育と繁殖を楽しむ カメのワンダーランド。

東京都 かめぞーさん

３歳のときから途切れることなくカメを飼育し続けてきた、かめぞーさん。卵からベビーが出てくる瞬間を見たくて、小学６年生のときにクサガメのブリードに成功したという。その気持ちは数十年以上経った今でも変わらず、毎年さまざまな種類の繁殖を手がけている。ハコガメでは、セマルハコガメ、ヒラセガメ、ミツユビハコガメ、キタニシキハコガメ、そのほかではクサガメやニホンイシガメ、キボシイシガメ、ミスジドロガメ、ハナナガドロガメなど、幅広い種類のブリードを行っている。さらに大型種のケヅメリクガメなども飼育していて、多種多様なカメとともに暮らす生活を過ごしている。

「ハコガメのなかでは、丸い甲羅と黄色やオレンジ色の明る体色が目を引くセマルハコガ

01

01_ 大切に飼育しているタイワンセマル、メスのハイポ個体。02_ かめぞーさんお気に入り、最古参のチュウゴクセマルのメス。03 立体的に組まれているテラスの飼育スペース。シェルター部分に数多くのミツユビハコガメが隠れている。04 屋上全景。カラスの被害を避けるため、全体をネットで覆っている。05_ 日当たりのよいサンルーフとテラス。06_ 立派に成長しているヒラセガメ。07_ 数多くのカメを毎年繁殖させているかめぞーさん

07

メが好みです」と話すかめぞーさん。チュウゴクセマルハコガメ（*Cuora flavomarginata flavomarginata*）は、中国大陸と台湾に自生する種類だが、頭部の色彩に違いがあり、台湾産の個体は眼の横から伸びる黄色いラインが蛍光イエローを帯びる個体がいるため、その特性を重視して、系統を分けた地域別の飼育・繁殖を進めているのが特徴だ（繁殖の詳細は図鑑ページ P.38 ～ 41 参照）。そのため、大陸産のチュウゴクセマルに対して、台湾産はタイワンセマルと呼んでいる。

かめぞーさん宅の飼育場所はおもに屋上とテラスになる。ガラス張りのサンルーフもあり、屋内飼育のスペースも十分に確保している。直射日光が当たる屋上とテラスでは、種類ごとに細かく仕切られ、それぞれに土の陸

02

03

04

05

06

地と水場が用意されている。全体を眺めた印象では、グリーンがとても多いことに気がつく。大きな桑の木などが植えられているほか、水生植物や近年話題のビザールプランツまで多様な植物が育っている。

これは最近の夏は猛暑で35℃を超える日が続くため、夏をできるだけ涼しく過ごさせるための工夫でもある。大きな植物で直射日光を避けるほか、日陰になるスペースを広めに確保したり、風通しをよくしたりしているという。実際、夏の日中に伺った取材日には、たくさんのカメたちがどこに行ってしまったのかと思うくらい、影になるスペースに隠れていた。

室内には温度管理が容易な室内温室も完備。ここで卵の管理や幼体の育成を行っている。数々のC.B.個体を生み出してきたかめぞーさんだが、常に同じロカリティーの系統を維持したブリーディングを心がけている。また、親にする個体は、生後8年以上を理想とし、

08　09

10

十分に成熟した個体を親にしている。しかし近年、一般的に生後4年ほどの若い個体を親にするケースも増えてきているため、これから何かしらの弊害が出てこないか少し心配しているという。

現在かめぞーさんはカメ飼育の普及のため、SNSを頻繁に更新し、YouTubeチャンネルも開設している。今後も、若い世代にもカメの魅力を伝える活動を精力的に行っていく予定だ。

14

15

11

08_ タイワンセマルのメス。09_ チュウゴクセマルのオス。10_ カメの幼体管理を行う室内温室。毎日の給餌と観察は欠かさない。11_ 独特な甲羅を形成するヒラセガメのベビー。12_ セマルハコガメの卵。比較的大きな楕円形。13_ セマルハコガメ、下から1歳、2歳、3歳。14_ アウロの愛称で呼ばれるコガネハコガメ。広い水場をメインにした飼育。15_ ばらまいた人工フードを食べるミツユビハコガメの群れ。16_ まん丸の甲羅と柄が特徴のキタニシキハコガメ。17_ 大きなケヅメリクガメも飼育している。18_ 甲羅の形状が独特な稀少種、アッサムセタカガメ

12

16

13

17

18

01

boxturtle enthusiasts 07

多種多様、クオリティーの高い個体のブリーディングに励む。

和象亀さん

「カメの飼育では、できるだけ自然に近い環境を作り、状態よく長生きさせることを最も大切に考えています」という和象亀さん。さらに、よりよい個体を親にして次の世代につなげるための繁殖を心がけているという。和象亀さんといえば、ハイクラスのブリーダーとして一目置かれる存在で、水棲カメからリクガメまで幅広い種類の飼育を行っている。ハコガメの飼育キャリアも長く、30年近くを数え、多種多様な種を所有している。アメリカハコガメに関してはトウブ、ミツユビ、ガルフコースト、フロリダ、メキシコ、ユカタン、キタニシキ、ミナミニシキと、流通するすべての種類を飼育し、同時に繁殖も行っている。また、アジアハコガメではセマルやヒラセガメのほか、ミスジ、マコード、ビルマを飼育し、

02

03

04

05

06

01_ コンクリートブロックで小分けにされた飼育場。投入された麻布は、身を隠すシェルター代わりに。**02_** 色や柄がはっきりしたトウブハコガメ。優良個体を数多く所有している。**03_** フロリダハコガメも広いスペースで複数飼育。**04_** ミツユビハコガメは、頭部や前肢に柄が出る個体もいる。**05_** ガルフコーストの複数飼育。**06_** ミツユビハコガメの複数飼育。野外飼育においては盗難対策や野生生物からの被害にかなり気を配っている。防犯カメラの設置や各飼育場の施錠、番犬、その他さまざまな対策を施していた

セマルハコガメは繁殖を行っている。

「とくにアメハコは今後もっと多くの人にペットとして普及していく種類だと思っています。色彩や柄にバリエーションがあり、それぞれの血統を重視したブリードが行われるようになっていて、楽しみが多様化しています」と、和象亀さんは語る。実際、近年のブリーダーズイベントでも数多く扱われるようになっていて、トカゲやヤモリ類よりも目立つ存在になってきている。また、和象亀さんのところでもトウブやガルフ、ミツユビなどで、色や柄に特化した個体を親にセレクトし、血統を重視したブリーディングがすでに行われている。市場に流通するハコガメを、見る人が見れば、誰が作出した個体であるかががわかるようななりつつあるのだ。また、個性的な特徴をもつ血統によってオリジナルの名前がつけられ、そこに付加価値がつく時代が、もうすぐそこまできているといってよい。

和象亀さんがハコガメと出会ったは1997年のミツユビハコガメから。サイテスに登録された直後のことで、ハコガメ全体にまだ高い関心が集まっていなかったころだ。そのペアが庭で自然繁殖したことから、一気にハコガメに惹かれ、多種多彩な個体を入手し、繁殖をめざすようになった。ちなみにミツユビの

07_ トウブハコガメのバリエーション。オレンジ色が強いものや黄色が強いもの、黒が強いものがあり、好みを見つける楽しみがある。08_ 流通量が少ないミナミニシキハコガメも数多く繁殖させている。09_ やや寒さに弱い一面があるユカタンハコガメ。10_ メキシコハコガメ。カラフルな色彩が目を引く個体

そのペアは、今でも健在である。

飼育場所は、自宅の広大な庭を利用した屋外飼育を基本としている。日当たりがよく開けた場所だ。コンクリートブロックで小分けにされたスペースや、フェンスで区切られている場所、大きな木の周りを囲うようにした緑豊かな場所、舟に水を貯めて立体的な空間に仕上げている場所などがあり、まるでカメのテーマパークにきているような錯覚に陥るほど、バリエーションに富んでいる。ペアで飼育している小分けブースもあれば、広い場所では雌雄を混ぜた複数飼育を行っているブースもあって見ていて楽しい。ちなみに複数飼育では、十分なスペースを誇っているのでオス同士の争いはほとんど起きないという。

冬期はそれぞれの場所で冬眠させる。寒さが増してくるころに11月頃、麻袋を複数投入することで、各個体がそのなかに潜って休眠するそうだ。

エサはカメ専用の人工餌料のほかに犬用の

11

12

13

14

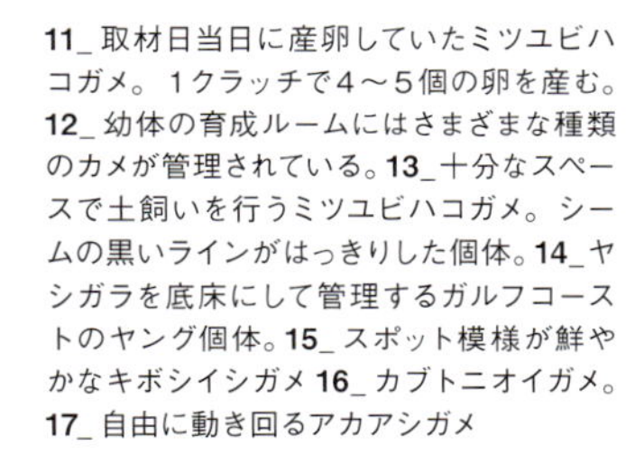

11_ 取材日当日に産卵していたミツユビハコガメ。１クラッチで４〜５個の卵を産む。**12_** 幼体の育成ルームにはさまざまな種類のカメが管理されている。**13_** 十分なスペースで土飼いを行うミツユビハコガメ。シームの黒いラインがはっきりした個体。**14_** ヤシガラを底床にして管理するガルフコーストのヤング個体。**15_** スポット模様が鮮やかなキボシイシガメ **16_** カブトニオイガメ。**17_** 自由に動き回るアカアシガメ

15

16

17

ドライフードも併用。夏の活性が高い時期は２日に１回程度与え、気温が低い春と秋には週に１〜２回ほど、カメの食欲合わせて給餌している。このほか、冬眠明けでエサ食いが悪いときや産後の体力を向上させたい場合などにジャイアントミルワームなどの生き餌も与えている。また、庭に自生しているコオロギやミミズも捕食しているようだ。

繁殖については、自由に交尾をさせていて、春と秋がシーズン。抱卵したメスを確認したら、適度に湿らせた土を入れたケースに移動させて管理しているのがポイント。長年の経験から、卵を産むタイミングは後肢の付け根をさわった感触でわかるため、産卵ケースに移して数日で土中に卵を産むという。卵とフ化した幼体は、すべて温度管理を徹底した室内で行われている。

これからも和象亀さんの手によって、オリジナリティーとクオリティーの高いハコガメが、次々に誕生していくはずだ。

専門用語集

アウトブリード（異系交配）
血縁に共通の祖先がいない個体同士で交配を行うこと。対義語はインブリード。

アダルト
成熟した個体のこと。若い個体をヤング、生まれたての幼体をベビーという。

インブリード（近親交配）
血縁の近い個体同士で交配を行うこと。目的となる特徴の強い個体同士を交配させてより特徴の強い個体を生み出す繁殖方法だが、先天性の病気や障害が起きやすくなるデメリットもある。対義語はアウトブリード。

餌付け
人からの給餌を覚えさせること。迎えたばかりの生体や、野生下採取個体は餌付けが難しい場合がある。

越冬
冬を越すこと。屋外で冬眠をさせる場合と、室内で温度管理を行って冬眠させない場合がある。

F（Filial）
別系統の両親からはじまる世代のことで、子孫をF1、F2……と累代が重なるごとに数字が増えていき、同系統の交配で代を継続させた世代数を表す。異なる系統もしくは戻し交配すると、F世代の連続性は失われる。

置き餌
ピンセットなどからではなく、エサを置い置いた状態で給餌すること。

温度勾配
飼育環境内の複数箇所で温度差をつけること。生体自身に好きな温度帯を選ばせることができる。

温浴
生体をぬるま湯につけること。便秘対策や消化向上、脱皮不全の解消などの目的で行われる。個体によってはストレスになることもあるので、様子を見ながら行う。

ガットローディング
エサとなる昆虫に野菜などを与え、昆虫自体に栄養価をあげること。昆虫が消化した野菜を間接的に与えるため、より栄養バランスのよい給餌が期待できる。

給餌
エサを与えること。

強制給餌
拒食している生体に人為的にエサを与えること。専門的な技術が必要。

拒食
生体がエサを食べずにいる状態のこと。長期間続くと命を落とすこともある。

クラッチ
シーズンにおける産卵回数の単位。

クーリング
繁殖活動を促すため、一定期間ケージ内の温度を下げ、擬似的に冬を体験させること。

ケージ
生体を飼育する容器のこと。爬虫類専用のものや熱帯魚用の水槽、衣装ケースなどを使用することがある。

甲長
甲羅の長さ。カメのサイズを表す基準になっている。

甲高
甲羅の高さ。水深や床材の厚さを決めるときの基準になる。

C.B.
Captive Bredの略。飼育下の繁殖で生まれた個体の出生をさす。国内C.B.といえば国内で繁殖された個体のことをさす。

シェルター
ケージ内に設置される生体の隠れ家。ストレス軽減のために身を隠したり、寝床として利用したりする。

紫外線ライト
紫外線（UV）を発生するライト。昼行性の生体が健康を維持するのに必要になる。

ダスティング
生き餌に各種サプリメントを添加すること。カルシウムやミネラル、ビタミンなどの種類がある。

W.C.
Wild Caughtの略。野生下で捕獲され販売されている個体の出生をさす。

TSD
Temperature-dependent Sex Determinationの略。温度依存的性決定。性染色体を持たず、卵のフ化温度によって性別が決まる仕組みのこと。カメの多くが高温でメス、低温でオスが生まれる。

バスキング
可視光線や紫外線を浴びる日光浴のこと。

バスキングライト
日光の暖かさを再現するためのライト。体を温め、体温を上昇させる。

ハッチ
卵がフ化すること。

ハンドリング
生体を手に乗せるなどして触れ合うこと。体調不良やケガの確認の際にも必要になる。

フ化器
生んだ卵をフ化させるための設備。温度と湿度を保持し、卵がかえるまで内部で保管する。

変温動物
外部の温度により体温が変化する生物のこと。一般的に、爬虫類や魚類、昆虫などがその代表。対義語は恒温動物。

ホットスポット
保温器具の熱が直接当たる場所。

無精卵
適切な管理をしても生まれない卵。爬虫類は、交尾をしていなくても無精卵を産卵する。

有精卵
雌雄が交尾した後に産卵した生きている卵。適切な管理をすることでフ化する。

床材
ケージの底に敷く砂や土など。湿度の保持やストレスの軽減などの効果がある。

ヨークサック
卵の中で成長する間の栄養が詰まっている袋（卵黄嚢）。ヨークサックをつけたままフ化する種類もいる。

ワイルド
野生下のこと。野生で採取した個体をW.C.個体という。

ワシントン条約（CITES／サイテス）
正式名称を「絶滅のおそれのある野生動植物の種の国際取引に関する条約」といい、絶滅のおそれのある野生動植物を保護するため、国家間での商取引を規制する国際条約のこと。アメリカハコガメ属、アジアハコガメ属も登録されている。付属書は動植物を記載したリストでⅢ〜Ⅰまでのレベルがある。Ⅰが最も規制が厳しい。

●著者プロフィール

ありんこくらぶ

東京都在住。カメ飼育歴30年（ハコガメ15年）。おもにフロリダハコガメを繁殖している。飼育のこだわりはカメ時間を大切にすること。飼育者本位ではない、のんびりとしたカメの体内時計に任せた飼育だ。
個人ブログ「フロリダ流星群」
https://ameblo.jp/floridaryuseign/
X：@ALinkoFLolida

かめぞー

東京都在住。幼少の頃からカメを飼育し、小学6年生でクサガメの繁殖に成功。はじめて飼ったハコガメはセマルハコガメで、その個体は今も健在。ハコガメ飼育歴は38年を数える。YouTube「かめぞーちゃんねる」を開設し、各種ハコガメの飼育繁殖の情報などを公開している。
https://www.youtube.com/@kamez0

亀世堂（きせいどう）

神奈川県在住。カメ飼育歴は約40年。現在、ミツユビハコガメ、メキシコハコガメを飼育している。さまざまな種類のカメを飼ってきたが、最近は一周まわってミツユビとクサガメに強い魅力を感じている。

スジコスジオ

熊本県在住。カメ飼育歴30年以上。ハコガメではニシキハコガメ、フロリダハコガメをおもに繁殖。どちらの甲羅も黒地に黄色いスジ模様の共通点がある。飼育当初、ニシキハコガメは長期飼育がなかなか難しいとされていたが、丸い甲羅とスジ模様の美しさにずっと魅了されている。最も美しいニシキハコガメを作出することを目標にしている。
Instagram：@obacasimiro

和象亀（わぞうき）

息子と一緒にミドリガメを飼いはじめて30年。以降ハコガメ、リクガメ、ナガクビガメなど多数を飼育。過去に繁殖させたカメは35種類。長期飼育と秋のブリーダーズイベントへの出展を目標にしている。アメリカハコガメを中心としたカメの魅力をSNSで発信し、多くの人にその素晴らしさを伝えたいと考えている。血統にこだわった繁殖はもちろん、かつて輸入された野生個体の血統の維持にも力を注いでいる。
X：@wazouki
Instagram：wazouki625

●取材協力

世界のあいまる

ハコガメをはじめ世界中のカメを取り扱う爬虫類専門店。ヒョウモントカゲモドキやクレステッドゲッコーなどの人気種から大型モニターまで、その品揃えは幅広い。店では博識のスタッフ里村亮祐さんが、生体の特性や飼育法などを詳しく教えてくれる。

東京都多摩市東寺方1-3-21-210
TEL. 070-3291-7622
営業時間 15:00~21:00　水曜休

あとがき

ペットとしてのハコガメの未来

ある映画で、「書物は人類最高の発明である」、「書籍が生まれてわれわれは理性の時代を迎えたのだ」というセリフがありました。私も20年以上前のハコガメ関係の書籍をいまだに大事に持っています。

時がたち、その書籍に登場していた先輩方とも知り合うことができ、長年の貴重な飼育経験を伝えていかなければと考えるようになりました。今回、執筆していただいている方々は、趣味で飼育しているハコガメが大好きな方々ですし、その長い飼育キャリアのノウハウは、ハコガメ飼育者たちの指針になっているのではないでしょうか。

野生のハコガメは昨今のさまざまな状況により、日本に輸入することは難しい状況です。今、国内にいる親種で子孫を繋いでいくしかないでしょう。幸い、国内には優秀な飼育者・ブリーダーの方々がおりますし、飼育ができなくなることはないと思います。

ハコガメの仲間は非常に長生きしますので、もし繁殖に成功すれば、自分と同じくらい長生きします。もしかしたら自分以上？　そうしたら子どもに世話をお願いしなければならなくなるかもしれませんね。

長く飼育していると、その個体が何を要求しているのかわかるようになります。とくに眼を見れば、おなかが減っているのか、いじけているのか、体の調子が悪いのか、彼女がほしいのかなど、さまざまなことを訴えてきます。種類によっては冬眠もできるので、自分のライフスタイルに合った種類を選べます。なので、のんびり、じっくり付き合うのが一番だと思います。

SNSが発達して、いろんな情報がすぐに手に入る便利な時代になりました。ワールドワイド・ウェブですから、情報が簡単に蜘蛛の巣で絡めとられてしまうのです。でも、飼育しているハコガメたちは、まったく気にせずのんびりしています。こちらがあくせくしていると、どうした？ という感じで見てきますね。

われわれとハコガメの未来は明るいと思います。蜘蛛の巣に絡めとられることなく、目の前のハコガメと、のんびり、じっくり、正しく付き合っていけば、飼育しているハコガメたちが、時間をかけて、いろいろな答えを出してくれると思います。ハコガメ飼育愛好家のみなさん、その答えを楽しんで飼育していきましょう。一喜一憂、一亀一優しながら。

（ありんこくらぶ）

世界の爬虫類・両生類トップブランド「エキゾテラ」

高吸水・高繊維質
水分補給もできる!

RepDeli
TORTOISE BLEND
リクガメブレンドフード

リクガメが本来食べている 草本類が主原料
草食性 爬虫類の 主食

リクガメは自然界では、地面を歩き回りながら、
地面から生えている様々な植物を食べて暮らしています。
リクガメの本来の食性を再現できるよう、低たんぱくで
高繊維のチモシーなどの草本類を主原料とした、
完全草食原料のペレットフードです。

写真はイメージです

＜180g＞

＜400g＞

＜900g＞

ジェックスグループ
工　場　PT LIMA TEKNO INDONESIA
貿易部門　ジェックス インターナショナル

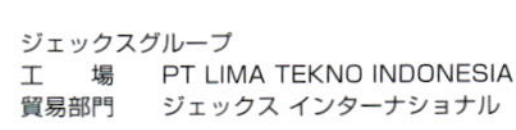

私たちは持続可能な開発目標(SDGs)を支援しています。

肥満に配慮

カメの健康食

成長に伴い植物食性が強くなり低蛋白・低脂肪なものに変化していきます。
カメプロスヘルスケアは成長期を過ぎたカメのための、低カロリー健康食。

カメプロス ヘルスケア

大スティック
215g
甲長8cm以上

成長期を過ぎたカメ用	肥満に配慮	ニオイ・汚れ
10歳以上	低蛋白・低脂肪	シリーズ最強の抑制力

	カメプロス	カメプロス ヘルスケア	カメプロス プレミアム
物性	浮上性	浮上性	浮上性
水汚れ	◎	💮	○
嗜好性	○	○	◎
ひかり菌	○	○	○
茶葉	○	○	○
ハーブ	○	○	×
オキアミ	×	×	◎
シジミエキス	×	×	○

ハコガメにも最適

株式会社 キョーリン
〒670-0902
姫路市白銀町9番地 Tel.079(289)3171(代)

「爬虫類に温もりを」
販売数100万枚を超える
爬虫類用ヒーターの決定版!!
ピタリ適温プラスをはじめ、
ピタリ適温プラスモバイル、
暖突、クリップスタンドひまわり、
ナラベルト、セット温など、
お近くのホームセンター、
ペットショップ、
爬虫類専門店で
お求めいただけます。
ピタリ適温プラス
モバイル
アウトドア
災害時でも
大活躍！
ピタリ適温プラス
PITARI TEKION PLUS
3号
ナラベルト
遠赤外線リボンヒーター
暖突
信頼の日本製
Mサイズ
身体の芯まであったか〜い！
強力に下方へ広がるワイド暖房！
ひまわり
クリップスタンド
コード約1.8m
セット温
販売元：
Rep JAPAN
有限会社レップジャパン
https://pitateki.com/

ハコガメ飼育推進委員会
ハコガメブリーダーと編集者の有志で集まった
制作委員会。飼育の楽しさを初心者目線で捉え、
ハコガメの魅力を広く伝えることを目的として
本書の制作に取り組んだ

進行管理　山口正吾
編集・撮影　平野 威
デザイン　平野編集制作事務所
広告　柿沼 功
位飼孝之
伊藤史彦
江藤有摩
販売　鈴木一也

ハコガメと暮らす本

2025年1月10日　初版発行

発行人　清水 晃
編　者　月刊アクアライフ編集部
発　売　株式会社エムピージェー
〒221-0001
神奈川県横浜市神奈川区西寺尾 2-7-10
太南ビル 2F
TEL　045-439-0160
FAX　045-439-0161
e-mail　al@mpj-aqualife.co.jp
https://www.mpj-aqualife.com

印　刷　タイヘイ株式会社

ISBN 978-4-909701-94-7

参考文献
愛好家から学ぶアメリカハコガメ飼育術（クリーパー社）
ディスカバリー生き物・再発見　カメ大図鑑
（誠文堂新光社）
爬虫類 長く健康に生きる餌やりガイド（グラフィック社）